# 究極の森林

梶原幹弘

学術選書 032

KYOTO UNIVERSITY PRESS

京都大学学術出版会

**口絵 1 ●岐阜県今須のスギ・ヒノキ択伐林**
　数少ないスギ・ヒノキの択伐林の中でも，最も集約な施業で知られていた森林である．6 箇所の固定試験地で 1975 年から 1994 年まで測定を続けた．最近では伐採が停滞して後継樹の植栽がほとんど行われないために，大きな立木が多くなる反面で後継の小さい立木が少なくなっている．固定試験地を設定した 1975 年頃の状態については写真Ⅲ-2 を参照．（和口美明氏撮影）

**口絵2●京都市弓削のスギ皆伐林**
　京都では最も古くから木材生産が行われていた地域にあり，普通の密度管理状態で桁丸太の生産が行われてきた林齢80年ほどの良く手入れされた美林である．桁というのは柱の上に渡して，その上にのせる梁を受け止めるために用いる材木である．最近では丸太の桁を用いることは少なくなったが，貴重な材の生産林である．

**口絵3●京都市山国の天然林**
　室町時代の初期に開かれた常照皇寺の所有林で，ヒノキとスギのほかにモミ，ツガ，ゴヨウマツなども混交した自然的な森林．天然林であるために，場所によって林木の構成状態がかなり異なる．

**口絵4** ●京都市嵐山の風致林の春と秋

　　天下の名勝である京都の嵐山は，保津川下りで知られた大堰川が京都盆地に流れ込む景勝の地にあり，とくに右岸にある森林の春のサクラと秋の紅葉の時期における美しさは格別のものである．嵐山の近くに住んで40年ほどになるが，山中のアカマツが少なくなったことを感じる．

# 目　次

口絵 ... i

はじめに ... 3

### 第Ⅰ章
## 森林の取り扱いの歴史 ... 7

1　自然的な森林の利用――室町時代まで ... 7

2　皆伐林と択伐林の成立――江戸時代 ... 20

3　皆伐林の発展――明治時代以降 ... 31

### 第Ⅱ章
## 森林施業の現状と問題点 ... 39

1　施業方法の種類と現状 ... 39

2　皆伐林と択伐林の施業における問題点 ... 47

### 第Ⅲ章
## 樹冠の大きさと森林の樹冠量 ... 63

1　樹冠の形と大きさ ... 64

2　樹冠の空間占有状態と森林の樹冠量 ... 78

### 第Ⅳ章
## 樹冠と幹の成長との関係 — 101
1. 幹の成長を支配する樹冠量 — 101
2. 幹の形と幹材積 — 106
3. 幹材の形質 — 123

### 第Ⅴ章
## 樹冠からみた幹材積生産量 — 133
1. 皆伐林の密度管理状態による差異 — 133
2. 択伐林の幹材積生産量 — 140
3. 皆伐林と択伐林における優劣 — 142

### 第Ⅵ章
## 林冠の状態と環境保全機能 — 147
1. 環境保全機能の種類 — 147
2. 機能の発揮に適した林冠の状態 — 148
3. 林冠管理による機能の向上 — 159

### 第Ⅶ章
## 究極の森林—択伐林 — 167
1. 施業の方法 — 169
2. 木材生産の経営収支 — 173

| 3 | 持続性と健全性 | 175 |
| 4 | 導入と拡大の効果 | 177 |

## 第VIII章
## 択伐林によせる期待　181

| 1 | 国有林の役割と責任 | 181 |
| 2 | 里山林の整備 | 184 |
| 3 | 貴重な天然林の維持 | 186 |
| 4 | 景観の保全 | 190 |
| 5 | 自然的な森林の生態保持 | 193 |

おわりに　195

参考文献　199

索引　202

# 究極の森林

# はじめに

　森林は林地と林木に分けられるが，ある程度まとまった林地の広さがあって，かなりの高さの林木が密に生えていることが森林の条件である．街道の並木，高さの低い林木が生えている所，林木が疎らに植えられた公園などは森林と呼ばない．

　森林には，木材生産の機能と水土保全，生活環境保全，地球の温暖化防止，野生生物保護，景観維持などの公益的機能とも呼ばれるいろいろの環境保全の機能とがある．人間は，これらの森林の機能を利用して，生活をより豊かで快適なものにするために，森林に手を加えてきた．立木（リュウボクと読む）の伐採を始めとして，次世代の樹木を育てるための更新，林木の育成といった行為がそれである．森林といえば自然の代表と受け取る人が多いかもしれないが，木材利用のために太古の昔から伐採を続けてきたために，現在では自然のままの森林は少なく，大なり小なり人間の手が加えられたものの方が圧倒的に多くなっている．

　わが国は国土面積の3分の2を森林が占める森林国で，木の文化の国と言われるほど生活と木材との結びつきが強く，大量の木材消費国である．それと同時に，森林のほとんどが険しい山岳地帯にあるために，環境保全の機能を重視すべき森林に指定されている保安林の面積は増やされ続けて，全森林面積の半分近くに達している．このように，わが国にとっては木材生産と環境保全の

二つの機能は車の両輪のように大切である．そして，この二つの機能が支えとなって，森林にまつわる物心両面にわたる成果である森林文化を育んできた．この状態は今後も変わらないであろう．

　生活に必要な木材の需要が増大し続けた経済優先の社会では，木材の商品価値の高まりを受けて木材生産が重視される一方で，収益とは縁の遠い環境保全は後回しにされるという時代が長く続いた．そして，第二次世界大戦後における大量の立木伐採に伴う木材資源の欠乏などもあって，現在では木材需要の2割ほどしか自給できない世界有数の木材輸入国になるとともに，森林の環境保全機能の低下が問題になっている．環境保全の機能に対する社会の要請の強まりを受けて，木材生産と環境保全の二つの機能が発揮できるような森林に整備する努力が続けられている．しかし，木材価格の低迷などから木材生産の経営収支が厳しい状態にあることもあって，森林の整備は思うに任せず，むしろ森林の荒廃が進んでいるのが現状である．

　森林をこのような状態にしたのは森林の取り扱い方がまずかったためで，この現状を打開するには森林の取り扱い方の改善が必要である．高い木材生産と環境保全の機能を同時に発揮できるような森林の取り扱い方があれば，それはまさにわが国にとっては一石二鳥の「究極の森林」ということになる．

　ところで，立木は葉と枝からなる樹冠，木材利用の主要な対象である幹および立木を支える役割を果たしている根の三つの部分に分けられる．そして，森林の木材生産の機能は生産された幹材の量や形質で評価されてきたが，考えてみれば幹は葉での光合成

物質の蓄積によって形成されるので，木材生産の機能は葉が主要な構成要素となっている樹冠と密接に関係しているはずである．また，環境保全の機能については，それを支配しているのは幹よりもはるかに多くの空間を占めている樹冠の集まりである林冠である．すなわち，木材生産と環境保全の両機能の根源はともに樹冠にあるということである．

こうした発想から，筆者は樹冠の測定方法を工夫し，木材生産と環境保全の機能を樹冠との関連で見直し，樹冠の働きを活かして二つの機能がうまく発揮できるような森林の取り扱い方を追い求めてきた．その一連の成果とともに，究極の森林に関する筆者の見解と期待を述べたのが本書である．Ⅰ章，Ⅱ章およびⅥ章は先達の研究成果を基に，Ⅲ章，Ⅳ章およびⅤ章は独自の調査・研究の結果を中心に，とりまとめたものである．これらを総合して，Ⅶ章では究極の森林とみられる択伐林の施業方法と木材生産の経営収支を改めて見直すとともに，択伐林の持続性と健全性および導入と拡大の効果を，Ⅷ章では森林の現状における問題点を解決する上での択伐林によせる期待を述べた．

このところ森林が注目を浴びているが，これは森林を研究対象としてきた者にとっては喜ばしく，有り難いことでもある．しかし，森林に対する誤解や認識不足も多いように見受けられる．本書が，森林における樹冠の働きを知ってもらい，これからの森林の取り扱い方ひいては森林整備の在り方を考えていただくのにお役に立てばと思っている．

第 I 章 | *Chapter I*

# 森林の取り扱いの歴史

　人間は，古くから森林と深くかかわって生活してきた．人間社会の発展に伴って森林に対する人間の要求が変化し，それに対応した森林の取り扱い方が展開された．そこで，究極の森林を考える上での基礎として，本章では人間の生活とのかかわりで変化してきた森林の取り扱いの歴史を述べる．

## 1 自然的な森林の利用――室町時代まで

　最後の氷河期が終わった1万年ほど前に，気温と降水量といった気候条件にその他の局地的な条件も加わって，現在の森林の出発点となった原生林の状態が決まったとされている．

　日本列島は南北に長く連なり，しかも中央には高い脊梁山脈があって標高差が大きいという地形的な条件にある．このために，原生林の水平的分布として，沖縄から九州南部までの亜熱帯地域にはガジュマル・アコウ・マングローブなどの常緑広葉樹林，九州から東北地方南部までの暖温帯地域にはカシ・シイ・クスノキなどの常緑広葉樹林，東北地方北部から北海道南部までの冷温帯

地域にはブナ・ミズナラなどの落葉広葉樹林，北海道を主体とする亜寒帯地域にはトドマツ・エゾマツ・カンバ・ヤマナラシなどの針広混交樹林があった．これに垂直的分布として，暖温帯地域の山岳地帯にはモミ・ツガなどの針葉樹林やクリ・ケヤキ・コナラなどの落葉広葉樹林，本州の亜高山地帯にはカラマツ・シラベなどの針葉樹林が加わっていた．そして，青森から屋久島までにはスギ，福島から屋久島までにはヒノキ，暖温帯地域の海岸にはクロマツ，東北地方南部の太平洋側にはアカマツ，東北地方と北海道南部にはヒバの原生林が存在していたという．このように多様な原生林の状態を反映して，日本に存在する樹種はおよそ900種と多い．

人間による原生林の利用が始まったわけであるが，先史時代から室町時代までの状態は以下のようであった．

## (1) 縄文・弥生時代

縄文時代（紀元前8000～300年頃）には，人間は洞窟から竪穴式住居に移って集団生活をするようになった．食物は狩猟，漁労，野草の採取に加えて，自然に生えている樹木の果実（クリ，クルミ，ブナとあく抜きをしたナラ，クヌギ，カシワなどのドングリ類）の採取によっていたが，時代の後期には焼畑農業，晩期には水稲栽培も行うようになったという．縄文時代中期の人口は25万人から30万人で，狩猟，果実の採取には西日本の常緑広葉樹林よりも東日本の落葉広葉樹林が恵まれていたので，人口の3分の2が東日本に居住し，当時としてはかなり大きな集落もあったよう

である．

　焼畑というのは，森林に火入れをして焼き払った後にできる灰分を肥料にして，例えばサトイモ，ヤマイモなどの根菜や大豆，小豆，アワ，ヒエ，陸稲，キビなどの穀類を栽培し，肥料分が無くなると次の場所に移動し，跡地に森林が自然に再生するのを待って焼畑を繰り返すという農作物の収穫方法である．根菜，穀類，豆類，野菜などあらゆる農作物を対象に，20世紀の半ばまで続けられた．焼畑農業は，江戸時代に生まれた皆伐林という森林の取り扱い方の出発点ともなった．

　縄文時代は磨製石器の時代で，大きな立木については先の尖った石器で幹に穴を開け，その中で火を焚いて焼き切るという方法で伐り倒し，河川の流れを利用して運び出した．木材は住居（カシ，クリ，スギ，ヒノキなど），燃料，丸木舟（スギ），木器（トチノキなど），弓矢（ヤナギ，トネリコ，カシなど）などに用いた．人間の集落の周りにある原生林から住居，燃料，生活用具などに必要な木材を得るために立木を抜き伐りしても，豊富な原生林に恵まれていたので，使用する木材に不足をきたすことは無かったようである．

　弥生時代（紀元前300年～紀元300年頃）には，九州北部で始まった水稲栽培が本州の北部にまで拡大し，水田に近い低い台地に竪穴式住居の大きな集落ができた．水稲のほかに大麦，小麦，アワなどの穀類も栽培し，集落内の高床式倉庫や洞穴に貯蔵するようになり，磨製石器に代わって鉄器を使用するようになった．

　木材の用途は住居（東北や関東地方ではクヌギ，北陸や東海地方ではスギ，西日本ではスギとヒノキ），暖房用や製陶用の燃料から

穀物貯蔵庫,農具の柄(カシ,シイ,クヌギ),田下駄,畦の矢板,食器,杵と臼,機織り道具,木棺(コウヤマキ)などへと広がった.立木の伐採,それを切断してそれぞれの用途に適した大きさと形状の木材にする造材,いろいろな木製品を作る加工には鉄の刃物が使われるようになった.木材の利用が進んで,原生林からの伐採量は次第に増えていった.また,水田,農耕用地の拡大のために平地林の伐採が進められ,人間の集落に近い里山からは,無機肥料である木灰と有機肥料である堆肥の材料の採取が活発に行われるようになった.しかし,気候条件に恵まれたわが国では林木の成長が盛んで,伐採後の森林の回復は早くて,この時代においても使用する木材が不足することは無かったようである.

### (2) 大和時代

古墳時代とも呼ばれる大和時代(300〜700年頃)に入ると,有力豪族の連合政権である大和政権がほぼ国土を統一した.仏教伝来(538年)後には,聖徳太子が摂政(593〜622年)となって天皇中心の政治体制を確立するとともに,隋や唐に使節を送って大陸文化の導入と仏教の興隆につくした.そして,法律に基づく中央集権的な国家となって著しく国力が充実するとともに,仏教色の強い文化が生まれた.

農地の開発が進み,農耕中心の生活が行われるようになって,住居は平地に移った.農地開発による森林の破壊が進むとともに,木材は住宅,燃料などに加えて多くの自然神や氏の先祖を祀

る神社の建築，天皇一代ごとの遷都に伴う都の造営，飛鳥寺，四天王寺，法隆寺，薬師寺などの20余りの仏教寺院の建立，大陸への渡航に必要な長さが30メートルにも達する大型船の建造というように用途が拡大し，需要量が増えた．この時代の末期には，わが国固有の信仰である神祇に関する制度が整えられて，伊勢神宮では20年ごとの式年遷宮の制度ができ，伊勢の神道山の木材を使った内宮の正遷宮（690年）と伊勢の高倉山の木材を使った外宮の正遷宮（692年）が相次いで行われた．

寺院建築にはヒノキ，住宅建築にはスギが主に使われたが，これらに必要な大量の木材を供給するために大和平野周辺の森林は乱伐され，とくに大型建築物用の大きなヒノキが欠乏した．そのため，最後の天皇一代ごとの遷都である藤原宮（694年）の造営には，滋賀県田上山のヒノキが使われ，以後琵琶湖周辺の美林が失われていくことになった．木材の搬出には人力曳き，牛車，馬車，河川による管流し（バラ流し）や筏流しのほかに，木津川を利用した琵琶湖周辺，伊賀，丹波からの舟運も発達した．

木材需要の増加に伴う森林の荒廃に加えて，焼畑による森林の焼失もかなりあったようである．大和平野周辺の里山では，燃料や木灰・堆肥といった農業用の肥料の激しい収奪が起こって林地の土壌が悪化し，6世紀末から7世紀初めには，現在多く見られるような瘠せ地にも耐えるアカマツの天然林が出現したとされている．天武天皇によって南淵山と細川山に禁伐令（676年）が出されるほど，大和平野周辺の森林の荒廃は目立つようになっていた．しかし，遠く離れた地域にはまだ原生林が残っていた．

## (3) 奈良時代

奈良時代(710〜783年)には,国の勢力が東北地方から屋久島,石垣島などの諸島にまで及び,国家は繁栄した.海難に備えて,120人ずつが乗った大型船4隻よりなる遣唐使をたびたび送って大陸文化の吸収に励んだので,唐の影響を受けた国際色の豊かな仏教文化が生まれた.

平城京(東西4.2キロメートル,南北4.7キロメートル)の造営,遷都に伴う薬師寺などの飛鳥から奈良への移築,東大寺,法隆寺夢殿,唐招提寺などの大寺院の建立が相次いだ.そのために大量の木材が消費されたが,建築のために労役を課せられた農民の辛苦は大変なものであった.開墾奨励のために農地の私有が制度的に認められ,やがて荘と呼ばれる私有の田畑,山林が現われた.生活の苦しさから荘に逃げ込む農民が増えて,後の荘園の形成へとつながった.

政教一致を目指した国家信仰の中心として,総国分寺である東大寺が建立された.創建時には門と塀をめぐらした周囲4キロメートルに達する大きなもので,金堂である大仏殿を中央に,七重塔2基を始めとする多くの僧坊が立ち並んでいたという.大仏殿は743〜752年の10年を掛けて建立されたが,使った木材の量は,直径1メートル以上,長さ30メートル前後の柱84本を含めて1万4800立方メートルといわれている.大仏の高さは16.2メートル,重量250トンで,3年間にわたって8回に分けて鋳造され,4万4000俵(1俵を15キログラムとすると660トン)の木炭が使われた.大仏殿と大仏を合わせると,その建造には延べ260

万人が動員されたという．大仏殿は，その後に二度焼失し，現存するのは江戸時代（1708年）に再建されたもので，その大きさは創建時の約3分の2になっているが，それでも高さ48.7メートル，東西57メートル，南北50.5メートルの世界最大級の木造建築である．

材料不足のために，この時代末の寺院建築にはヒノキに代わってケヤキも，仏像にはクスノキに代わってヒノキも使われるようになり，また木彫仏も減少した．船にはスギやクスノキが，棺にはマキが，屋根には瓦のほかに桧皮（ヒワダ），板，萱が使われた．木炭には，鍛冶用の軟らかい和炭（ニコズミ，鍛冶屋炭ともいう）と，炊事や暖房用のカシ，シイを焼いた火力の強い荒炭（堅炭ともいう）があった．

土地は原則として国有であったが，農民にとって欠かせない家畜の飼料，肥料，燃料，建築用材などは，必要に応じて公私共用林から採取することが許されていた．また，住居や墓の周りには，身分に応じて5ヘクタール以下の小面積の私有林を所有することが許されていて，自家用林の役目を果たしていたという．

## （4） 平安時代

平安時代（794〜1191年）には，奈良時代の仏教政治を離れて，儒教思想の政治が行われるようになり，国の力は蝦夷にも及んだ．政治の実権は，皇室から藤原氏を経て平氏へと移った．これに伴って，皇族や貴族が地方に下って荘園が発達し，治安の悪化から荘園を守るための武士が登場した．9世紀末より仮名文字の

使用が始まり，後期には貴族中心の国風の文化が生まれ，『源氏物語』に代表される国文学史上の黄金時代を迎えた．

平安京（東西4.2キロメートル，南北4.95キロメートル）の造営，最澄が伝えた天台宗の比叡山の延暦寺，空海が伝えた真言宗の高野山の金剛峰寺と京都の教王護国寺の他にも宇治の平等院鳳凰堂といった寺院の建立，神社の建築などがあって，大径材を含む多量の木材が使用された．平安京と教王護国寺に使用する莫大な量の木材が丹波，近江，伊賀，紀伊，山城から集められた．京都御所の南側の通りを丸太町と呼ぶのは，当時の用材として集められた丸太置き場の名残であるという．堀川通には，木材市場である木屋と呼ばれる材木商が200軒も並び，一定規格の木材を販売していたという．

神域林整備のために制定された延喜式（907年）によると，伊勢神宮，出雲大社，住吉神社などの国幣の社は大小合わせて3132社あり，これに式外社（私社）を加えると，神社の数は寺院よりも多かったとされている．当時，普通の住宅一戸当たりの木材使用量は数十立方メートルであったが，伊勢神宮の1回の遷宮には4600立方メートルものヒノキを要したという．出雲大社（高さ48.5メートルといわれている），東大寺大仏殿，平安京大極殿（1177年に焼失）は古代の三大建築と呼ばれており，東大寺七重塔は高さが最高で100メートルもあったといわれている．

建物は，奈良時代の朱塗りで瓦葺きの大陸風のものから，白木造りで桧皮葺きの寝殿造へと変わり，自然の景観を取り入れた庭園や日本の四季や名所を描いた大和絵が発達した．造園技術書『作庭記』（橘俊綱）も書かれている．また，森林などの自然は，

大和時代に形式が定まったわが国固有の文化である和歌に詠まれ，絵画の題材になるだけではなく，貴族の生活の中に溶け込んで花見，月見，雪見などの対象として定着し，奈良県吉野がサクラの名所として登場した．

　この時代には，耳成・香具・畝傍の大和三山を美観維持林 (805年)，水辺の森林を水流調節用林 (821年)，伊勢神宮や鹿島神宮などの周辺を神域林 (907年)，近江の比良山を官用材備林 (918年)，朝廷用の鳥獣の狩場を禁野 (シメノ) とするなどして，各種の禁伐林が設けられている．また，木材不足から一部で森林の造成が試みられるようになり，鹿島神宮の修造用にクリ5700株とスギ4万株を植栽 (866年)，高野山の祈願上人がヒノキとコウヤマキの種を播いた (1012～1017年) といった記録がある．

## (5) 鎌倉・室町時代

　鎌倉時代 (1192～1333年) には，土地を媒介とした主従関係に基づく武家政治が確立し，2度にわたる蒙古襲来を契機に鎌倉幕府の力は地方にも及んだ．幕府は国ごとに守護を，荘園と直轄領には地頭を任命し，新しい地頭領主が旧来の荘園領主にとって代わり，荘園の数も増えていった．そして，武家社会における身分的な隷属関係が社会の各階層にも及んで，封建社会が形成されていった．平安時代の貴族文化に，この時代に盛んになった禅宗文化が加わった武家文化が起こった．

　鎌倉幕府の造営に必要な木材は伊豆から集められたために，天城山，狩野川流域の森林は荒廃したという．鎌倉の由比ケ浜には

木材を扱う同業組合である材木座ができ，幕府は木材と薪炭の規格を作り，価格と販売方法を統制している．また，伊勢神宮の用材は，これまでのように神道山（内宮）と高倉山（外宮）からの調達ができなくなり，伊勢の大杉山から伐り出している．

新しい農地の開墾や畑作が進み，西日本では米の裏作として冬に麦を作る二毛作が始まり，牛馬を農耕に使用することが広まった．そのために，森林は草や樹木の茎と葉を刈り取って緑のまま水田や畑に敷き込む刈敷の材料や家畜の飼料の採取場所として，盛んに利用されるようになった．また，武士の甲冑と刀剣の製作や尾張の瀬戸で始まった焼き物の生産に必要な燃料の需要が新たに加わった．

鎌倉幕府の滅亡後，南北朝の時代を経て，足利氏が武家政治を行った室町時代（1338〜1573年）へと移った．応仁の乱（1467〜77年）以降は幕府が無力となり，下位者が上位者にとって代わる下克上の風潮が武家社会のみならず社会全体を覆うようになった．そして，戦国大名が全国統一を目指す戦国時代に入った．この間に，荘園制は崩壊した．

製塩，絹織物，鋳物，製紙，陶器，鉱業などの手工業が各地に起こり，物流が盛んになって商業が発達し，定期的な市が開かれ，都市では特定の商品だけを扱う市もできた．商品の売買だけでなく，年貢や税の納付，土地の売買も貨幣で行われるようになった．京都は，応仁の乱による荒廃から町衆の力で商業都市として発展した．外国貿易の拠点となった堺と博多，商品の船による運搬拠点となった尾道，兵庫，桑名，小浜，敦賀などの港町，大名の城下にできた城下町，寺社の門前町である奈良（興福寺，

東大寺),山田(伊勢神宮)などの多くの都市が発達した.

　この時代の初期の文化を代表するのが北山文化(足利義満,金閣寺)と東山文化(足利義政,銀閣寺)で,後期には幕府の保護を受けた臨済宗の南禅寺を上として天竜寺,相国寺,建仁寺,東福寺,万寿寺の5寺よりなる京都五山が文化の中心となった.水を用いずに地形によって山水を表した禅宗の趣味による枯山水の庭園が,竜安寺や大徳寺大仙院などに作られた.建築様式は,公家や僧侶の書斎から変じてできた書院造となったが,これは畳,床の間,明障子,違い棚,付書院などで構成された現在の和風住宅の基になった建築様式である.能,狂言,連歌,水墨画,花道,茶道,大和絵といった今日の生活文化を形づくるものが生まれた.庶民の間では山岳宗教が盛んになって,大峰山,御嶽山などでの修験道が民間信仰として定着した.奈良・吉野山や京都・嵐山といったサクラの名所などが行楽の場として知られるようになった.嵐山のサクラは,室町幕府を開いた足利尊氏が,天竜寺の借景として吉野より数百本を移植したのが始まりとされている.

　15世紀の中頃から末までは人々は山際に居住し,山間の水田を耕作するという状態であったが,それ以降は治水灌漑技術の発達につれて平地に移り住み,平地での水田耕作を始めた.この状態は関西から関東,東北へと広がっていった.このような山際の人から野の人への変化が16〜17世紀の大開墾時代を通じて推し進められたために,田畑の面積は15世紀末の100万ヘクタールから16世紀末には200万ヘクタール,17世紀末には300万ヘクタールへと急増した.18世紀以降は,明治維新まで田畑の面積

はほとんど増加していない．人口は 15 世紀末で 1000 万人，17 世紀末で 3000 万人とみられている．そして，耕地の拡大，早稲・中稲・晩稲の発見，二毛作の普及，牛馬の利用，生産技術の進歩，入会地からの堆肥や家畜の飼料の入手などがあって，穀物生産量は増加した．

京都の用材は四国，美作，信濃，飛騨，美濃と広範囲から集められた．伊勢神宮の用材は，南北朝時代には三河，室町時代には美濃から求めるようになった．現在のように木曽から求めるようになったのは，江戸時代の中期以降である．鍛造技術の進歩により，板を挽くのに鋸が広く使われるようになった．燃料や肥料の材料の採取場所であった入会林野の利用をめぐって，農民と荘園領主や村と村の争いが絶えなかったという．

武家領主専用の森林ができ，森林の保護と管理のために山林奉行や山守が置かれた．16 世紀中頃からは，領主により森林の取り締まりに関する条令が作られ，森林の荒廃防止，洪水防止，灌漑用水確保，開田事業の促進のために焼畑の禁止と植林の奨励が行われ，風・飛砂・水害・潮害を防ぐ森林の造成が進められた．

室町時代の末期には，奈良の吉野や京都の近郊でスギ，ヒノキの植栽による森林の造成が，京都の北山では一つの株に何本かの幹を仕立てる株スギ（台スギ）仕立が始められた．株スギ仕立は，その後数寄屋造の茶室の屋根を支える垂木の生産のために行われていたが，現在では庭園樹としてしか用いられなくなっているという．また，茶の湯の流行につれて，日本的な炭焼の技術が開発され，炭を扱う炭座ができた．

\*

**写真Ⅰ-1●奈良県吉野のスギ,ヒノキ皆伐林の遠望**
わが国で最も古くからスギやヒノキの皆伐林が造成された林業地帯の中心地の遠望である.スギほどは土壌の肥沃度を必要としないヒノキでもまともな生育が望めない山頂付近を除いて一面に植栽されている様は,木材生産にかけた人達の執念を感じさせる.(和口美明氏撮影)

　以上のように,利用する木材を確保し,環境保全の機能を維持するために,立木の伐採を禁止することは比較的に早くから行われた.しかし,立木を抜き伐りした後は自然任せで森林の回復を図るというのが森林の取り扱い方の主流で,近くの森林に伐採できる立木が無くなると,遠くの森林に伐採の手を延ばして木材を調達するという方法を採ってきた.建築用材などの生産のために,植栽による森林の造成が行われるようになったのは室町時代の末期である.ただし,薪炭材や肥料の材料などの採取は,どう

**写真 I-2**●京都市北山の株スギ（台スギ）仕立林
手前が株スギ仕立の垂木の生産林で，奥は一本仕立の床柱用磨き丸太の生産林である．最近では，株スギ仕立の木が垂木として用いられることはほとんど無くなり，庭園樹としての利用が増えているという．

しても人里の近くの森林に集中せざるを得ず，これが繰り返されたために，人口密度の高い地域では里山の荒廃が起こった．

## 2 皆伐林と択伐林の成立——江戸時代

### （1） 社会的な背景

安土桃山時代（1574〜1602年）には，集権的な封建制の基礎が

固められ，全国の統一が行われた．江戸時代（1603〜1867年）の前期には，幕藩体制が確立し，士農工商の身分制度が定まるとともに鎖国が行われて，国内は安定した．後期になると，幕藩体制の動揺，欧米諸国による開国の要請，百姓一揆などが起こり，社会は落ち着きを失っていった．

農業のほかに商工業が発達して土地経済から貨幣経済へ，また水陸の交通の発達により自給自足経済から流通経済へと移り，経済は活発化し，経済圏は拡大した．これを支えたのが都市の発達と町人の活躍である．江戸時代の中期における日本全国の米の生産量を示す総石高は約2640万石（1石は約180リットルで，150キログラム）で，その内の700万石を幕府と直参（幕府の直轄地は400万石），30万石を寺社，10万石を朝廷と公家，残りの1900万石を諸大名が占めていた．総人口に占める武士の割合は約1割で，農民が約8割を占め，都市に住む町人（職人と商人）は1割ほどであった．当時の江戸の人口はロンドンやパリの2倍の100万人で，京都で40万人，大阪で35万人であったという．

町人の勢力が増したことによって，文化が一部の特権階級のものから庶民のものになり，障壁画，絵画，浮世絵，茶道，陶器，友禅染，浮世草子，人形浄瑠璃，歌舞伎，俳諧，川柳，狂歌などの分野で多くの名人や上手が現われた．

## （2） 木材の需要と供給

安土桃山時代から江戸時代にかけても，安土城，大坂城，方広寺，江戸城，寛永寺の根本中堂，東大寺の大仏殿の再建などと

いった大型の木造建築が相次いだ．

方広寺の大仏殿は，間口が89メートル，奥行が49メートル，高さが48.5メートルあり，大仏の高さは19メートルで，創建時の東大寺の大仏殿を超える大きさであった．建築用材は熊野，木曽，土佐，日向を中心に，東北地方からも集められた．建物の大きさに相当する桁，梁，柱などが必要で，富士山麓から大棟木1本を運び出すのに延べ3ケ月の日数と5万人の人夫，1000両の経費をかけたという．なお，豊臣秀吉は木材の搬出を領民の賦役として無償で行ったが，秀吉の子の秀頼は相対取引で決めた賃金を払って行っている．

江戸城全体の広さは約30万坪（1坪は約3.3平方メートル）あり，天守閣は延べ470坪，本丸御殿は延べ1万1370坪，西丸御殿は延べ6570坪であった．材料不足から築城にはヒノキやスギに代わってモミ，ツガ，カラマツといった樹種も使われた．なお，3日間も燃え続けて江戸城と江戸の町の6割を焼き，死傷者が10万人といわれる明暦の大火（1657年）で天守閣は焼失し，以後は再建されていない．本丸御殿と西丸御殿では焼失と再建や修復が繰り返されたが，最終的には再建されないままに終わっている．

徳川家の菩提寺である寛永寺の根本中堂建立のために，南アルプスの大井川の源流に位置する幕府直轄の天然林から，樹齢150～200年のトウヒ，カラマツ，シラベの巨木2万立方メートルを，紀伊国屋文左衛門が1000人の人夫を使って伐り出したという．

東大寺大仏殿の再建（1708年）にあたっては，直径1メート

ル，長さ30メートルの柱92本が必要であった．しかし，そのような大材が無いために，2, 3本をつないで芯を作り，それに50本の割り木を当てた柱を使用した．屋根の2本の大梁には直径が1メートル，長さが23.5メートルの霧島アカマツを用いたが，これを海まで運ぶのに延べ10万人の人手と4000頭の牛を必要とし，その後は千石船（米1000石すなわち約150トンが積める大型船）に積んで海路により運んだという．

江戸では焼失面積が15町（約15ヘクタール）以上の大火が80回余りもあり，これからの復興にも莫大な木材が使われた．時代の末期になると，防火上有利な瓦葺，塗り屋（土倉）造の住宅が現われている．

建築用材ばかりでなく，需要が増大した木炭の生産にも力が注がれた．全国で作られたが，鹿児島，紀州，土佐のものが多かった．19世紀中頃における大阪と江戸での木炭の取引量はそれぞれ250万俵，合計500万俵（1俵が15キログラムとすると7500万トン）に及んだという．著名なものとしては，茶の湯用の第一級品とされた池田窯（窯内で消火をした黒炭），備長窯（窯外で消火をした白炭），佐倉窯（黒炭）がある．

## (3) 森林の施業

江戸時代には森林の所有関係が整理されて幕府・藩の直轄林（官林），入会林（共有林），および個人持ち林（私有林，社寺有林）の三つになった．

幕府・藩の直轄林では，領主・家臣がリーダーとなって森林の

育成が積極的に行われた．幕府は，飛騨一国をはじめ各地に天領を持ち，木材生産で多くの収益をあげた．藩が行った著名なものとしては，青森のヒバ林（津軽藩），秋田のスギ林（秋田藩），木曽のヒノキ林（尾張藩），魚梁瀬のスギ林（土佐藩），飫肥のスギ林（飫肥藩）などがある．

後に日本の三大美林と呼ばれた青森のヒバ林，秋田のスギ林，木曽のヒノキ林は，天然の森林そのものではなく，この時代に人手が加えられてできたものである．すなわち，青森のヒバ林では種子の落下などによる後継樹の天然更新が容易であるというヒバの樹種的特性を生かしてヒバを保護・育成することが，秋田のスギ林ではブナなどの広葉樹の中に孤立状態で点在した天然生のスギを残すとともに広葉樹を伐採することが，木曽のヒノキ林では木曽五木のアスナロ・サワラ・ヒノキ・ネズコ・コウヤマキの伐採を禁止することが出発点となった．そして，これまでの恣意的な抜き伐りを改めて，30年や50年といった所定の期間をあけて，一定の大きさになった大径木だけの抜き伐り（択伐）を輪番制で繰り返すことによって，大径木の収穫が継続できるようにするとともに，大径木の伐採跡で天然更新がうまくいかなければ植栽までもして後継樹の確保を図るという，計画的な森林の取り扱いを続けることによって成立したのが，これらの森林である．

この種の森林では，大小の立木が混在した状態になるが，一定の大きさになった木から順に伐採するのがナスビの収穫方法に似ているところから，ナスビ伐りと呼ばれている．このような取り扱いが行われている森林を，ここではナスビ伐り方式の択伐林と呼ぶことにする．

一方，個人持ち山を中心に，林地を整理して一斉に苗木を植栽し，利用できる大きさになれば皆伐を繰り返すという皆伐方式の用材生産林も盛んに造成されるようになった．その結果，現在の千葉県山武，埼玉県西川，東京都青梅，静岡県天竜，三重県尾鷲，奈良県吉野，京都市北山，鳥取県智頭，大分県日田，熊本県小国，宮崎県飫肥といったスギやヒノキの著名な林業地が生まれた．これらのうちの山武，吉野，智頭，小国，日田は，焼畑農業の跡地を放置するのではなく，一斉に苗木を植栽して森林に戻すことによって成立したものである．皆伐方式の苗木植栽による森林を，ここでは皆伐林と呼ぶことにする．

　植栽に必要な大量の苗木養成のために苗圃が作られ，造林の技術が進歩した．九州では，親木から切り取った枝を地面に挿して発根させた挿し木苗の使用が盛んになり，形態や性質などの遺伝上の特質を同じくする品種の分化も行われた．立木に十分な生育空間を与えるために成長や形質の悪い植栽木を間引く間伐や，幹材の節を少なくして形質の向上を図るために幹の成長とは無関係な下部の枝を除去する枝打ちが奨励された．間伐は，立木の保育上の必要からだけではなく，間伐木を売ることによって得られる収益を当て込んで行われた．そして，一般の建築用材だけではなく，植栽密度と間伐を通じて立木密度を変え，場合によっては枝打ちも加えることによって，京都市北山の床柱用の磨き丸太，奈良県吉野の樽・桶用の樽丸，宮崎県飫肥の和船用の弁甲材といった一定の用途に適した木材の生産技術も確立された．

　伐採から更新，保育までを含めた一連の森林の取り扱い方を森林施業というが，原生林や天然林といった自然の森林からの伐採

では木材の需要が賄えなくなったことと,木材の商品価値が向上して木材生産が経済行為として成り立つようになったこととがあいまって,江戸時代には二つの森林施業の方法が成立した.一つは,大径材の生産を計画的・持続的に行うナスビ伐り方式の択伐林施業で,後継樹の育成は天然更新,植栽,両者の併用といった方法で行われた.もう一つは,苗木の植栽による皆伐林施業である.

木材生産が盛んになると,立木の伐採と搬出の作業は組織化されて継続的に行われるようになり,専門職が生まれた.そして,木材生産を収益目的の経済行為と位置付けた林業経営論も展開された.

## (4) 環境保全のための森林造成

木材生産を活発に行う一方,荒廃林地の復旧,水源涵養,田畑保護,防風,景観向上といった環境保全のための森林の造成も各地で行われた.例えば,熊沢蕃山は岡山および畿内の荒廃山地で砂防工事を行い,瘠せ地にも耐えるアカマツを植栽している.また,弘前の屏風山では,幅4キロメートル,長さ400キロメートルの風と砂を防ぐための林を造成し,20年間に8300ヘクタールの水田を開墾している.冬の西風が強い日本海側では,飛砂防備林,防風林が多く造られている.

経済の発展と社会の安定化に伴って庶民のレクリエーションが次第に発展し,伊勢神宮,善光寺,金毘羅大権現などの社寺や名所旧跡巡り,温泉への湯治などが好んで行われるようになった.

林春斉は天ノ橋立，宮島，松島を日本三景としている．将軍吉宗は飛鳥山，品川御殿山，隅田川堤に鑑賞のためのサクラを植栽している．

## （5） ヨーロッパでの森林施業

ヨーロッパでは，人口の増加による農地の拡大で森林面積は減少し，各国間の戦争や宗教改革に伴う内乱などで森林が荒廃した．一方，全体の3分の2を占めていた薪炭材の需要は，石炭とコークスが燃料として使われるようになって著しく減少したが，建築や造船用の木材需要は増加の一途をたどり，中・西部ヨーロッパでは木材資源が欠乏した．

このような社会の状態と，木材の商品価値の高まりを受けての領主・国家の財政的な要求とがあいまって，収益を目標にした木材生産が指向され，19世紀中頃にはトウヒの皆伐林が全盛期を迎えた．その支えとなったのが，18世紀末から19世紀初めの頃に世界でいち早く成立したドイツ林学で，荒廃した森林を回復し，木材生産の維持・拡大を図るために，皆伐林の森林組織モデルとしての法正状態が考えられた．例えば，全森林面積が100ヘクタールで，皆伐予定の林齢が100年であるとすると，1～100年の各林齢の森林が1ヘクタールずつあれば，林齢100年に達した森林を伐採しても1年経てば各林齢の森林の林木は成長して森林全体としては元の状態に戻る．したがって，林齢が100年の森林が毎年1ヘクタールずつ伐採できるわけで，このように一定の収穫量が持続できるように組織化された状態が法正状態で，この

ような状態の森林を法正林と呼んでいる．ドイツ林学の特徴は，伐採，造林，間伐などの森林の育成方法に木材生産における収益計算も含めて，法正状態を中心とした皆伐林による木材生産システムを構築したことにある．なお，林齢というのは森林の年齢のことで，皆伐林では植栽した年を出発点に，この年の林齢を1年として算定している．

ドイツでは，19世紀初めから法正状態の皆伐林の実現を目指して森林の回復に着手した．しかし，皆伐林の拡大が進むにつれて，その対象樹種であったトウヒは根の張り方が浅いために風害を受けて倒れやすく，病虫害の発生や収穫の繰り返しによる地力の減退も見られるようになった．このようなことと，造林学の基礎として生まれた森林生態学の考え方とがあいまって，ヨーロッパではあまりにも自然の状態からかけはなれた皆伐林に対する批判が強まった．

皆伐林に対する批判・反省から生まれた特筆すべき森林の施業方法として，照査法という呼び名で知られたモミ・トウヒなどの天然更新による択伐林施業がある．これは，皆伐林よりも健全な状態で，より多くの価値ある木材を持続的に生産するための方法として提案されたもので，19世紀末から20世紀初めにかけて，ビヨレイによってスイスのクヴェで実践され，成功を収めた．この方法の根底には，地上の生育空間を最大限に利用できるような林木の構成状態にするという考え方がある．大小の樹木が混在することはナスビ伐り方式の択伐林と同じであるが，目的がナスビ伐り方式の択伐林のように大径材の生産ではなくて生育空間を最大限に利用することにあるために，ナスビ伐り方式の択伐林より

**写真 I-3** ●照査法の本場クヴェの第 1 経営区（スイス）
モミ・トウヒそこへかなりのブナが混ざっている．針葉樹の生長を促すためにブナが導入されたのである．健康な森林はみた目にも快い．（岡崎文彬『森林風致とレクリエーション―その意義と森林の取扱い―』171 頁より引用）

**写真1-4●エンメンタールの択伐林(スイス)**
　択伐林といえば,直ちに思い起こすのはエンメンタール.それほどここの単木択伐作業は有名である.わが国の今須や田根と異なり,伐採方法によって天然更新が可能であり,また更新した稚樹が健やかに伸びるのは羨ましい.(岡崎文彬『森林風致とレクリエーション─その意義と森林の取扱い─』182頁より引用)

も中・小径木の本数が多くなり，具体的な取り扱い方や幹材積（幹の体積）生産量にも違いを生じる．そこで，両者を区別するために，ここではヨーロッパで生まれた照査法による択伐林をヨーロッパ方式の択伐林と呼ぶことにする．

＊

以上のように，生活に必要な木材不足から，人為的に木材生産をする必要を生じた．そして，わが国でもヨーロッパでもほぼ同じ時代に皆伐林と択伐林という木材の生産方法が成立した．ただし，わが国とヨーロッパにおける択伐林では，その成立の契機と考え方には違いがあった．

# 3 皆伐林の発展——明治時代以降

## (1) 社会的な背景

明治時代（1868〜1912年）には，天皇制による中央集権的・近代的な立憲国家ができあがって世界の強国の仲間入りをし，産業革命により工業が発展し，資本主義が確立していった．あらゆる分野で欧米先進国の文化の吸収に努めたので，国の近代化が一挙に進んで，都市の住民を中心に生活習慣まで大きく変わっていった．

大正時代（1912〜1926年）には，ヨーロッパの強国の帝国主義的な勢力争いから起こった第一次世界大戦（1914〜18年）によって経済界は異常に好況となったが，大戦後は関東大震災（1923

年)もあって不況が深刻になった．都市は発展し，大都市には耐震・耐火の巨大な鉄筋コンクリートのビルができ，都会人には洋間を持つ文化住宅が喜ばれた．農村生活も次第に都会風になって電灯，自転車などが一般化し，農具や農業技術は改良され，化学肥料も普及して，農業生産は向上した．

昭和時代(1926～89年)に入ると，世界的な経済恐慌の波を受けて，経済は一時どん底に突き落とされた．その後，軍部が台頭して第二次世界大戦(1941～45年)に突入し，全国の主要都市は焦土と化して敗戦を迎えた．敗戦後は，アメリカの占領下から独立(1951年)して民主主義国家として復興した．朝鮮戦争(1950～53年)による特需景気を契機に経済は立ち直り，高度成長を遂げて経済大国になるとともに，国際社会への仲間入りを果たした．産業が発達した一方で，都会への人口集中に伴う農山村の過疎化と，人命を奪い環境を汚染する産業公害が起こった．オイルショック(1973年)により景気が悪化してからは，経済の低成長期に入った．電化製品や自動車の普及，空港・高速自動車道・新幹線の整備などにより生活は便利になり，衣食に必要な物資も豊になったが，住宅事情だけはまだそれほど恵まれていない．そして，森林とも関係する生活上の問題として，自然破壊と環境保全がクローズアップされ，環境行政を担う行政機関として1971年には環境庁が設置された．

## (2) 木材の生産と森林の施業

明治時代になってからは，あらゆる分野で欧米の知識が貪欲に

吸収されたが，森林を対象とする分野でもそうで，とくにドイツの知識が積極的に取り入れられた．

1987年（明治5年）には森林に関する基本的な法律である森林法を制定し，国家として森林の開発と資源培養を計画的に推し進め，木材需要の急増に応えてきた．明治時代から大正時代にかけて，構成樹種がエゾマツ，トドマツと異なり，天然林が主体の北海道は別として，本州，四国，九州ではスギ，ヒノキを中心とする皆伐林による法正状態の森林の造成が目標とされた．大正末から昭和の初めにかけては，ヨーロッパ方式の択伐林の成功を受けて，ナスビ伐り方式の択伐林施業が行われていた地域を中心に，これの導入も試みられたが，まもなく第二次世界大戦に突入したために頓挫した．

スギ，ヒノキでは天然更新がうまくいかないこともあって，第二次世界大戦後は皆伐林施業への転換が行われた．その結果，江戸時代に造成された秋田や土佐（魚梁瀬）のスギ林や木曽のヒノキ林といった立派なナスビ伐り方式の択伐林は姿を消していった．ただ，江戸時代には天領で，明治維新後に私有林となった岐阜県今須（口絵1，写真III-2を参照）や滋賀県谷口（田根）では，用途に適した大きさのスギやヒノキを抜き伐りした跡に後継樹を植栽するという択伐林施業が続けられた．このことについては，後に述べる．

第二次世界大戦中の増伐と人手不足による造林・保育の遅れなどから，森林は著しく荒廃した．森林資源回復のために，造林が公共事業化されて公的資金が補助金として投入されるようになった．そして，資源に乏しいわが国では，木材は戦後の復興に欠か

**写真Ⅰ-5**●滋賀県谷口（田根）のスギ択伐林
　　　岐阜県今須の択伐林よりも大径の材が生産されている．1985年に調査に行ったときに聞いた話であるが，樹齢100年，胸高直径80～90センチメートル，樹高30メートルほどの良い木になると，1本が100万円で売れたという．最近では択伐があまり行われなくなり，一斉林化が進んでいる．（滋賀県湖北地域振興局森林整備課提供）

せない重要な資源であったので,昭和30年代から40年代にかけて生産力増強計画が強力に推し進められた.すなわち,生産量の少ない雑木林や過熟の天然林を生産量の多い針葉樹の皆伐林に切り替える拡大造林,植栽本数を多くする密植・成長の早い品種を選抜して育成する育種・林地に肥料をやる施肥による皆伐林での単位面積当たりの木材生産量の増大,成長の早い外国樹種の導入,作業の能率を上げると同時に経費を下げるための伐採と搬出作業の機械化がこれである.信じがたい話であるが,池田内閣の所得倍増計画の向こうを張ってか,木材生産量の倍増がもくろまれたという.その結果,スギ,ヒノキを中心とする針葉樹の皆伐林の面積が急増し,全森林面積に対する皆伐林の面積の割合は第二次世界大戦直後の25%から40%へと増えた.生産力増強計画の成果のほどは明らかにされていないが,どうやら捕らぬ狸の皮算用だったようである.

昭和30年代から,手鋸に代わってチェーンソーの導入が進み,伐倒した材を集めて運ぶための集材機と架空索道の技術が発達した.そして,明治時代に導入された森林鉄道はトラック輸送に切り替えられて林道が普及し,林道を中心とする集材システムの一環としてトラクターが使用され,造材処理機械が開発されるなど,森林の伐採と集運材の機械化が進んだ.山岳地での利用や林木の抜き伐りに便利な小回りが効く小型の集運材機械も開発された.

また,昭和30年代に入ると薪炭に代わってガスと灯油が燃料に使われるようになり,昭和初期には建築用材などの2倍もあった薪炭材の需要は急減した.一方,経済の高度成長につれて建築

用材とともにパルプ用材や合板用材の需要は急増した．しかし，木材は急に生産できるものではなく，木材価格が高騰したので，政府は外材輸入の自由化に踏み切った．国産材より値段が安いこともあって外材の輸入量は増えつづけ，昭和40年代の中頃には外材が国産材の供給量を上回り，現在では国産材の供給量は全体の2割ほどとなっている．

### (3) 保安林の整備と環境保全

森林法の制定以来，環境保全機能を重視した保安林の整備が進められてきたが，とくに1954年（昭和29年）には「保安林整備臨時措置法」を出して，第二次世界大戦中に荒廃した森林の環境保全機能を強化するために力が注がれた．現在の保安林面積は全森林面積の半分近くに達しており，今後はさらに増えると見込まれる．保安林の種類としては，水源涵養，土砂流出防備，土砂崩壊防備，飛砂防備，防風，水害防備，潮害防備，干害防備，防雪，防霧，雪崩防止，落石防止，防火，魚付，航行目標，保健，風致の各保安林がある．わが国の森林のほとんどは山岳地にあるという地勢的・地形的な条件を反映して，水源かん養と土砂流出防備の保安林が圧倒的に多く，全保安林面積の9割を占めている．保安林では，その種類によって一部小面積の皆伐が許されるものや禁伐のものもあるが，択伐が原則である．

農民の過度の利用と崩れやすいという地質的要因とがあいまって，江戸時代中期以降に東海から近畿，中国地方の花崗岩地帯の里山に出現していたはげ山にも，長年の治山緑化の努力によって

緑が回復した.

また，1873年（明治6年）には松島，浅草寺，飛鳥山，養老，奈良公園，吉野山，嵐山，天ノ橋立，舞子，鞆，宮島，雲仙などの多くの景勝地が公園に指定された．1919年（大正8年）の史跡名勝天然記念物保存法，1931年（昭和6年）の国立公園法の制定によって優れた景観の保護が進められた．1957年（昭和32年）には国立公園法に代わって自然公園法が制定され，国立公園に加えて国定公園，都道府県立自然公園なども制度化された．その他にも，森林の環境保全機能を保持するための法律が多く施行されている．

環境保全機能の維持と増進にも配慮をしてはきたが，常に林木が林地を覆っていた天然林が減少して皆伐林の面積が急速に増大した．しかも，伐採と搬出の経費を削減して木材生産の収益性を追求するあまりに，一つの皆伐林の面積が大きくなるとともに，ある谷の流域の森林が数年で全て伐採されてしまって，大面積の皆伐林が広い地域にわたって連続して造成されるという事態が起こった．このために，森林の環境保全機能の低下が目立つようになり，皆伐林一辺倒の森林の取り扱い方に対する批判が強まった．

これを受けて，林地の裸出が避けられる非皆伐の複層林の導入をして環境保全機能の向上を図るとともに，森林を生態系としてとらえ，森林の多様なニーズに応えるべく，森林の整備が図られている．複層林というのは，樹冠の層が複数つまり二つ以上になるように伐採と植栽を行う森林のことである．全立木を2回に分けて伐採と植栽をすれば樹冠が2層の二段林になり，伐採と植栽

の回数を増やすにつれて樹冠の層の数が増え，最後には樹冠の層が連続した森林になる．大小の林木が混在していて，樹冠の層が連続している択伐林は複層林に含まれる．これに対して，林木の大きさが揃っていて樹冠の層が一つの皆伐林は単層林となる．

*

　森林の造成は工場で物を作るように短時間でできるものではなく，少なくとも数十年，場合によっては百年単位の時間を要する．したがって，森林整備の基本方針の急激な変更は避けるべきである．第二次大戦後の 50 年ほどという短い間に，木材生産から環境保全へと森林整備の基本方針が大きく変わった．そして，皆伐林の増大によって環境保全機能に支障をきたしたことに対する反省から，木材生産は犠牲にしても環境保全をという勢いが強いが，これに押されて今度は木材生産の機能を損なうという愚を犯してはならない．目先のことだけにとらわれず，成算のある長期的な展望に立って，木材生産と環境保全の両機能がうまく発揮できるような森林の整備を目指すことが肝要であると考える．

第 II 章 | *Chapter II*

# 森林施業の現状と問題点

　原生林や天然林がある間は，そこから生活に必要な木材を抜き伐りしてきた．しかし，森林の農耕地や居住地への転用によって森林面積が減少するとともに，文明の発達により木材の用途は拡大して需要量は増大した．そして，原生林や天然林といった自然的な森林からの抜き伐りだけでは木材需要量を賄えなくなって，人為的に森林を育てて木材生産をする必要を生じて，伐採から更新，保育にいたる一連の森林の取り扱い方である森林施業が発達した．

　本章では，施業方法の種類と現状を述べるとともに，施業方法が対照的であるために木材生産や環境保全の機能が異なり，究極の森林を考える上で比較論議の対象となる皆伐林と択伐林の施業について，これまでの問題点を整理する．

## 1 施業方法の種類と現状

　森林の施業は，建築材などの用材と薪炭材を生産するものとに分けられるが，わが国で現在行われている施業のほとんどは用材

生産を目的とするものである．ここで，用材生産のための施業方法の種類と現状を整理しておく．

## (1) 施業方法の種類

伐採，更新，保育といった森林に対する人為的な干渉の中で，林木の構成状態を大きく左右するのは伐採の方法である．伐採の方法によって，森林の施業方法は皆伐林，漸伐林，択伐林の三つに大別されている．

全立木を一度に伐採し，更新するのが皆伐林，全立木を一度にではなく，何回かに分けて伐採し，その間に更新を図るのが漸伐林，一部の立木の抜き伐りと更新を繰り返すのが択伐林である．皆伐林に対する反省から，ヨーロッパにおいて択伐林とほぼ同時代に生まれたのが漸伐林で，帯状に設定した区域での伐採と更新を漸進させて全体に及ぼす方法（帯伐），全体にわたる数回の伐採と更新で完了する方法（傘伐），数箇所の拠点区画での伐採と更新を全体に押し広げる方法（画伐）がある．伐採が完了した時点では後継樹が林地を覆っているので，皆伐林のように林地が裸になることはない．ヨーロッパの漸伐林では，全林木の伐採を終了するまでに帯伐で10年から20年，傘伐で数年から20年，画伐で数十年をかけるという．また，択伐林には，単木的に抜き伐りと更新を繰り返す単木択伐と群状に抜き伐りと更新を繰り返す群状択伐とがある．伐採と更新の進め方からすると，漸伐林は皆伐林と択伐林の中間的な施業方法といえようが，伐採終了までの年数が長くなるほど林木の構成は択伐林に似たものになる．最

近，わが国で提唱されている複層林は，漸伐林の一つの変形ともみられる．

　更新の方法としては，種子の自然落下，萌芽（針葉樹は萌芽しないので広葉樹に限られる）などによる天然更新と苗木の植栽による人工更新とがある．

　皆伐林の更新は植栽によるのが普通であるため，更新方法からして，皆伐林を人工林と呼ぶことが多い．天然更新が容易なヨーロッパでは人工更新が用いられるのは皆伐林のみで，漸伐林と択伐林はもっぱら天然更新によっている．わが国における北海道のトドマツ，エゾマツの漸伐林では天然更新だけに頼るのではなくて，補助的な植栽も行われている．そして，天然更新が容易なヒバの択伐林では天然更新によることが多いが，スギ，ヒノキの択伐林では天然更新が難しいために人工更新によることが多い．伐採と更新の方法の組み合わせからすると，皆伐林は厳密には皆伐人工林と呼ぶのがふさわしい．漸伐林や択伐林でも，更新方法による区別をすべきかもしれないが，普通そこまではしていない．

　なお，わが国では粗放な抜き伐りを恣意的に行い，抜き伐り後はもっぱら天然更新に頼っていて，施業らしいことはほとんどしていない天然林をも択伐林に含め，天然林と択伐林を混同視することがある．しかし，将来の森林像を描いて，それの実現のために行うのが施業で，これが行われているヨーロッパ方式やナスビ伐り方式の択伐林と，将来の森林像が不確かで，施業らしいこともあまりしていない天然林とは区別すべきである．

## (2) 施業の現状

森林への人間の干渉すなわち施業の程度の違いを反映して，現存する森林は自然のままの原生林から皆伐林のような人為的な要素の強い森林まで多様である．その典型的な状態を，いくつかの区分基準によって示すと次のようになる．

①人為的な干渉の有無—無施業林と施業林
②伐採方法—皆伐林と択伐林
③更新方法—人工林と天然林
④樹種構成—単純林と混交林
⑤樹齢構成—同齢林と異齢林
⑥林木の大きさの揃い具合—一斉林と不斉林
⑦林冠の構成—単層林と連続層林

人為的な干渉が行われていない放置状態の無施業林の樹種構成は，森林が存在する場所の気候などの環境条件に応じた経年的な自然の移り変わり，すなわち遷移を示す．遷移が最終段階に達して安定した状態にあるのが極相林で，極相林では放置してもその樹種構成が保たれる．極相林の状態にあるのが世界自然遺産になった白神山地のブナ天然林や屋久島のスギ天然林のような原生林で，そこでは天然・混交・異齢・不斉・連続層の森林となるのが普通である．原生林は奥地の国有林などを中心として全森林面積の1～2％ときわめて少なくなっている．

自然的にしろ，人為的にしろ，原生林の状態が壊された後は，基本的に遷移に沿った樹種構成の変化を示すことになるが，原生

**写真Ⅱ-1●鹿児島県屋久島のスギ天然林**
　屋久島は海上にお椀を伏せたような状態の島で，中央部には九州で最高峰の宮之浦岳（標高1935メートル）を始めとする1800メートル級の山々がある．2000メートル近い標高差とそれに伴う気温差があるために，日本の植物帯の縮図といわれるほど多様な植物相が見られる．屋久島を代表するヤクスギの天然林は標高600～1800メートルにあり，他にモミ，ツガ，ヒノキ，ヤマグルマ，ヒメシャラなども自生している．写真は1963年に撮影したものである．左の写真は，ヤクスギの伐採と搬出の基地であった小杉谷事業所周辺のもので，伐りつくされたのか，胸高直径が100センチメートルを超えるようなヤクスギの大木は見当たらない．右の写真は，奥に見える黒味岳（標高1831メートル）登山の途中で撮ったもっと標高が高い所のもので，あまり大きな木ではないが，ヤクスギらしい樹形の立木も写っている．ヤクスギの天然林が減少したために，現在では保護林が設けられている．

林の破壊の程度が著しい場合には、年月をかけても元の原生林の状態に戻るという保証はない．

　伐採方法と樹種・樹齢の構成、林木の大きさの揃い具合および林冠の構成には強い関連性があり、皆伐林は単純・同齢・一斉・単層の森林に、択伐林は混交・異齢・不斉・連続層の森林となるのが普通である．また、更新方法と樹種構成にも関連があり、人工林は単純林、天然林は混交林になることが多い．

　木材として利用するには立木の伐採が不可欠であるが、その他にも立木の伐採を必要とすることが多い．すなわち、森林を構成する林木の世代交代を図って森林を活性化し、健全な状態に保つためにも必要である．また、現在の樹種構成を変えたいとか、遷移途中の段階にある森林で現在の樹種構成を維持したい場合にも、それぞれの場合に応じた立木の伐採が必要になる．

　森林にとって立木の伐採ほど大きな干渉はないが、それだけに伐採は森林の状態を維持したり、変えたりする場合における最も有効な手段である．立木の伐採はとかく罪悪視されがちであるが、そうとは限らない．伐採の可否に関する判断や伐採の仕方を間違えば毒にもなるが、うまく使えば薬にもなるのが伐採である．それだけに伐採は難しく、慎重を要する作業ではある．立木の伐採によって問題が生じたとしても、それは伐採の可否の判断や伐採の仕方がまずかったことに起因することが多い．

　わが国の森林面積はこのところほとんど変わらず約2500万ヘクタールで、その3割が国有林、1割が公有林、6割が私有林で、私有林では所有規模のきわめて零細なものが大多数である．

　森林面積の4割すなわち約1000万ヘクタールが人工林、残る

6割が天然林である．人工林のほぼ全てが用材生産のための皆伐林であるとみてよい．皆伐林は南関東，東海，南近畿，四国，九州で多いが北海道と北陸では少なく，スギ林が45％，ヒノキ林が25％，マツ類とカラマツの森林がそれぞれ10％，エゾマツとトドマツの森林が合わせて10％ほどである．そして，スギ，ヒノキ，マツ類の皆伐林は本州，四国，九州にわたって広く存在するが，カラマツの皆伐林は主に信州と北海道に，エゾマツ，トドマツの皆伐林は北海道に分布が限られている．天然林の大半を占めるのは，昭和30年代の燃料革命によって生まれた里山地帯の放置された旧薪炭林である．

天然更新や植栽によるスギ，ヒノキ，ヒバ，エゾマツ，トドマツの択伐林は，各地に点在してはいる．しかし，ナスビ伐り方式の択伐林が皆伐林一辺倒の政策によって消滅していく一方で，本格的な照査法による択伐林は実行が難しいために普及せず，研究的・実験的なものにとどまっていたために，択伐林と呼べるような森林の面積はきわめて少ない．漸伐林と呼べる森林も択伐林と同様にきわめて少ない．すなわち，わが国で施業らしい施業が行われている森林のほとんどは皆伐林ということである．

そんな状況の中にあって，ぜひ紹介しておきたい森林がある．それは，愛媛県久万のスギ・ヒノキ択伐林である．1964年（昭和39年）から，当時50〜60年生であった皆伐林の一部の立木を抜き伐りすると同時に後継樹を植栽することを，40年ほどにわたって何回か繰り返し，無節の柱材と優良大径材という二つの用途の材を生産することを目標にして，独自の活発な択伐林施業を行っている．未完ではあるが，森林所有者の熱心な取り組みに

**写真Ⅱ-2●愛媛県久万のスギ・ヒノキ択伐林**

林齢50～60年の皆伐林に，1964年から択伐林施業を導入している森林で，上は前生の大きな木が残っている部分，下は前生の大きな木が残っていなくて，順次植栽された木のみからなる部分の写真で，後継樹がきちんと確保されている．1992年の調査によると，上層と中層の間で樹冠層はまだ連続しておらず，択伐林としては未完の状態であるが，将来は立派な択伐林になると期待される森林である．（大田伊久雄氏撮影）

よって，将来は立派な択伐林になると期待できる森林である．やる気になれば，きちんとした択伐林施業が行えることを示すものとして注目される．

## 2 | 皆伐林と択伐林の施業における問題点

皆伐林と択伐林について，施業の方法，林木の構成と幹材積生産量，幹材の大きさと形質および環境保全機能に関するこれまでの問題点を整理すると，次のようになる．

### （1） 施業の方法

皆伐林では，苗木を植栽しやすいように地表を整理し，植栽された苗木の位置関係がほぼ正方形になるように一定の間隔を置いて，一斉に苗木を植栽する．植栽後の数年間は隣接木の樹冠との間に間隙があり，雑木・雑草が繁茂して植栽木の成長を妨げるので，これらを除去するためにほぼ毎年の下刈りが必要となる．植栽木が成長して隣接木の樹冠との間隙が次第に狭まり，樹冠が水平的に閉鎖した状態になると，太陽光が植栽木の樹冠に遮られて地表での雑木・雑草の発生と成長は抑えられるので，下刈りは不要となる．しかし，その後に植栽木の成長を妨げる樹木が発生すれば，これを適宜取り除く除伐が必要となる．樹冠閉鎖後は植栽木間での樹冠の拡張競争が始まり，陽光の不足した樹冠の下部では枝の枯死が起こり，樹冠は下部から枯れあがっていく．個体間

の競争を緩和して林木の健全な成長を図るためには，将来のまともな成長が見込めない形質の悪い植栽木を中心に間伐が，また節の少ない幹材にするには枝打ちが必要になる．下刈りや除伐とともに，間伐は植栽木の健全な成長を確保するために不可欠な作業で，状況に応じて何回か繰り返される．最後に残った植栽木が皆伐されることになるが，これを間伐に対して主伐と呼んでいる．皆伐林では，このような一連の作業が繰り返されることになる．

先に述べたように一般の建築用材だけではなく，植栽密度と間伐を通じて立木密度を変え，場合によっては枝打ちも加えることによって，京都市北山の床柱用のスギ磨き丸太生産林，出発点は樽・桶用の樽丸の生産であるが，現在は優良な建築用材の生産林として知られている奈良県吉野のスギ，ヒノキの皆伐林，今はもう行われていないが，宮崎県飫肥の和船用のスギ弁甲材生産林といった一定の用途に適した材の生産をするための施業も確立された．

皆伐林は構成樹種が単一で，同齢のほぼ同じ大きさの林木の集団となるので取り扱いは単純で，画一化できる．そして，表II-1に例示したような皆伐林の立木が正常な成長をした場合の成長経過を示す収穫表も用意されている．収穫表は気温や降水量が異なる地域ごとに，一定の密度管理状態の下で生育した各樹種について作成されており，そこには土壌の状態などによる土地の生産能力が異なる地位別に，林木の諸要素の経年変化が示されている．地位は，良いものから順に普通はI，II，IIIと三つに区分される．表II-1に示したのは地位II等地のもので，これと同じような表がI等地とIII等地についても作られている．収穫表は間伐の

**写真Ⅱ-3 ●京都市北山の１本仕立による床柱用の磨き丸太生産林**
床柱用の磨き丸太という特殊な用途の木材生産のために育成された
スギ皆伐林で，人工の極致ともいえる森林である．そこには，日本
人の心をひきつける繊細で箱庭的な美しさも感じられる．

指針となるとともに，胸高直径や樹高といった林木の平均的な大きさや幹材積合計とその成長量の予測にも役立つ．胸高直径というのは，立木で最も測りやすい人間の胸の高さ（わが国では地上高 1.2 メートル，ヨーロッパでは 1.3 メートル）の位置の幹直径，樹高は根元から梢端までの高さである．収穫表がかなり整備されていることもあって，皆伐林施業の実行は比較的容易である．

これに対して，照査法による択伐林の施業はかなり厄介である．すなわち，普通は数年から 10 年前後と短い一定の間隔で全立木の胸高直径の測定を繰り返すことになっており，この作業に多大の時間と労力を要する．そして，全立木の胸高直径の繰り返

**写真Ⅱ-4●奈良県吉野のスギ皆伐林**
奈良県吉野は，普通よりも立木本数を多くすることによって優良な大径のスギ建築用材を生産していることで知られた，わが国有数の林業地である．上の写真は林齢80年，下の写真は林齢200年の森林で，よく手入れがされていて，見た目もきれいである．（和口美明氏撮影）

## 表II-1 ● 京都市山国地方のスギ林収穫表

(地位 II等)

| 林齢 | 主木 平均胸高直径 (cm) | 主木 平均樹高 (m) | 主木 本数 (本) | 主木 ha胸高断面積 (m²) | 主木 幹材積 (m³) | 主木 幹材連年成長量 (m³) | 主木 幹平均材成長量 (m³) | 副木 平均胸高直径 (cm) | 副木 平均樹高 (m) | 副木 本数 (本) | 副木 ha総る林率に対す材積 (%) | 副木 幹材積 (m³) | 副木 幹当総る林率に対す材積 (%) | 副木 幹当り材積計 (m³) | 副木 主に林対木す幹材比率 (%) | 主平均胸高直径 (cm) | 主平均樹高 (m) | 主本数 (本) | 主副ha胸高断面積 (m²) | 主副幹材積 (m³) | 主副幹連年材成長量 (m³) | 合計当り幹材積成長量平均A (m³) | 合計当り幹材積成長量平均B (m³) | 総収穫量 (m³) | 副累量にる林計対す木幹の材収積比率 (%) | 林成長率 (%) | 林齢 (年) |
|---|---|---|---|---|---|---|---|---|---|---|---|---|---|---|---|---|---|---|---|---|---|---|---|---|---|---|---|
| 15 | 11.8 | 9.1 | 2,349 | 25.6 | 118 | | 7.9 | | | | | | | | | 11.8 | 9.1 | 2,349 | 25.6 | 118 | | 7.9 | 7.9 | 118 | | | 15 |
| 20 | 15.4 | 11.7 | 1,637 | 30.4 | 176 | 11.6 | 8.8 | 9.4 | 9.4 | 712 | 30.3 | 25 | 12.4 | 25 | 14.2 | 13.8 | 11.0 | 2,349 | 35.3 | 201 | 16.6 | 10.1 | 10.1 | 201 | 12.4 | 11.2 | 20 |
| 25 | 18.5 | 14.2 | 1,290 | 34.8 | 238 | 12.4 | 9.5 | 12.6 | 11.9 | 347 | 21.2 | 27 | 10.2 | 52 | 21.8 | 17.4 | 13.7 | 1,637 | 39.1 | 265 | 17.8 | 11.6 | 10.6 | 290 | 17.9 | 8.5 | 25 |
| 30 | 21.6 | 16.4 | 1,063 | 39.0 | 304 | 13.2 | 10.1 | 15.7 | 14.2 | 227 | 17.6 | 32 | 9.5 | 84 | 27.6 | 20.7 | 16.0 | 1,290 | 43.4 | 336 | 19.6 | 12.9 | 11.2 | 388 | 21.6 | 7.1 | 30 |
| 35 | 24.6 | 18.3 | 910 | 43.2 | 378 | 14.8 | 10.8 | 18.8 | 16.2 | 153 | 14.4 | 34 | 8.3 | 118 | 31.2 | 23.9 | 18.0 | 1,063 | 47.5 | 412 | 21.6 | 14.2 | 11.8 | 496 | 23.8 | 6.3 | 35 |
| 40 | 27.0 | 20.1 | 823 | 47.2 | 454 | 15.2 | 11.4 | 21.2 | 18.0 | 87 | 9.6 | 27 | 5.6 | 145 | 31.9 | 26.5 | 19.9 | 910 | 50.3 | 481 | 20.6 | 15.0 | 12.0 | 599 | 24.2 | 4.9 | 40 |
| 45 | 29.3 | 21.6 | 759 | 51.1 | 530 | 15.2 | 11.8 | 23.4 | 19.5 | 64 | 7.8 | 26 | 4.7 | 171 | 32.3 | 28.9 | 21.4 | 823 | 53.9 | 556 | 20.4 | 15.6 | 12.4 | 701 | 24.4 | 4.1 | 45 |
| 50 | 31.1 | 23.0 | 711 | 54.2 | 592 | 12.4 | 11.8 | 25.4 | 21.0 | 48 | 6.3 | 25 | 4.1 | 196 | 33.1 | 30.8 | 22.9 | 759 | 56.6 | 617 | 17.4 | 15.8 | 12.3 | 788 | 24.9 | 3.1 | 50 |
| 55 | 32.7 | 24.1 | 670 | 56.4 | 634 | 8.4 | 11.5 | 27.0 | 22.1 | 41 | 5.8 | 25 | 3.8 | 221 | 34.9 | 32.4 | 24.0 | 711 | 58.7 | 659 | 13.4 | 15.5 | 12.0 | 855 | 25.8 | 2.2 | 55 |
| 60 | 34.0 | 24.9 | 640 | 58.0 | 666 | 6.4 | 11.2 | 28.3 | 22.9 | 30 | 4.5 | 20 | 2.9 | 241 | 36.2 | 33.7 | 24.8 | 670 | 59.9 | 686 | 10.4 | 15.1 | 11.4 | 907 | 26.6 | 1.6 | 60 |
| 65 | 34.9 | 25.6 | 620 | 59.2 | 690 | 4.8 | 10.7 | 29.2 | 23.7 | 20 | 3.1 | 15 | 2.1 | 256 | 37.1 | 34.7 | 25.5 | 640 | 60.5 | 705 | 7.8 | 14.6 | 10.8 | 946 | 27.1 | 1.1 | 65 |
| 70 | 35.5 | 26.0 | 609 | 60.2 | 710 | 4.0 | 10.2 | 29.8 | 24.1 | 11 | 1.8 | 9 | 1.3 | 265 | 37.3 | 35.4 | 26.0 | 620 | 61.0 | 719 | 5.8 | 13.9 | 10.3 | 975 | 27.2 | 0.8 | 70 |

主林木は間伐せずに残されるもの、副林木は間伐によって除かれるもののことである。また、幹材積の平均成長量A は総収穫材積、平均成長量B は現存の幹材積に基づいて求められるものである。なお、この収穫表は、京都府農林部林務課の依頼により京都府立大学森林経理学研究室（大隅眞一・梶原幹弘・今永正明）が作成したものである。(京都府農林部林務課『山国地方スギ人工林分収穫表』7〜8頁より引用)

し測定よって得た林木の成長状態と過去の択伐（抜き伐り）の状態とを照らし合わせて，林木が生育空間を最大限に利用できるような状態にし，森林の幹材積成長量をできるだけ多くすることを試行錯誤的に追い求めるという方法を採っている．この場合，皆伐林の間伐における収穫表のような立木の抜き伐りに関する具体的な基準があるわけではない．択伐する立木の量の決定と択伐木の選定には，それぞれの森林に応じた総合的な判断が要求され，高度な経験と知識を要する難しい仕事となる．すなわち，照査法による択伐林の施業は皆伐林よりも多くの時間と労力を要し，実行も技術的に難しいということである．

択伐林施業の技術的な難しさを緩和するために，ヨーロッパでは長期間にわたってきちんと取り扱われてきた択伐林における胸高直径分布を，択伐の基準として提示することが行われている．しかし，わが国には信頼できる基準的な胸高直径分布はない．それだけに，わが国での照査法による択伐林施業の実行は，ヨーロッパにおけるよりも難しいものとなっている．とにかく，照査法による択伐林の施業は実行が難しいというのが難点で，もっと容易に実行できるようにしないと，択伐林の施業の普及は難しいのが現状である．

## （2） 林木の構成と幹材積生産量

胸高直径は図 II-1 に示した輪尺で測定する．その目盛には図 II-2 のようなものがあり，ミリメートル単位で測ることもあるが，森林内の全立木の胸高断面積合計や幹材積合計を求めるため

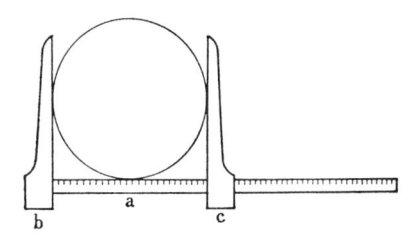

**図Ⅱ-1●輪尺**
　輪尺は直径の大きさを読み取る尺度（a）と，これに直角に交わる2本の脚で構成されている．一つの脚（b）は目盛の端の固定されていて，もう一つの脚（c）は固定された脚と平行な状態を保って尺度の上を移動するようになっている．この二つの脚で，図のように幹を挟んで直径を測定する．（大隅眞一『森林計測学講義』56頁より引用）

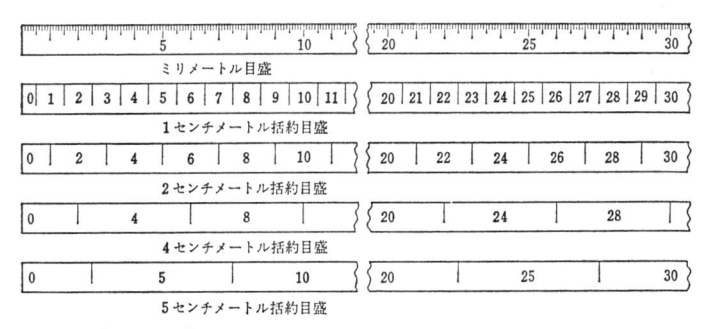

**図Ⅱ-2●輪尺の目盛**
（大隅眞一『森林計測学講義』57頁より引用）

に胸高直径を1本1本測定（毎木調査）する場合には，わが国では偶数が中央値になるように2センチメートルごとの単位で丸めて測定するのが普通である．丸めることを括約と呼んでおり，例えば2センチメートル括約で測定した値が10センチメートルであれば，胸高直径が9.0〜10.9センチメートルであることを示し

ている．そして，このように括約して測ったものを胸高直径階と呼んでいて，輪尺の目盛は括約して測定した胸高直径の値が読み取り易いように工夫されている．胸高直径を括約して測定するのは，測定を能率よく行うためと，括約して測定することによって生じる胸高断面積合計の誤差は無視できるほど小さく，したがって幹材積合計にもほとんど違いを生じないことが分かっているからである．胸高直径の毎木調査に基づいて幹材積合計を求める方法については，後に述べる．

　樹高は測高器で測定する．測高器にはいろいろのものがあるが，後に述べるシュピーゲル・レラスコープが便利である．

　皆伐林ではほぼ同じ大きさの苗木が一斉に植えられて成長するのであるから，林内の木の大きさはかなり揃ったものとなる．図II-3 は皆伐林における胸高直径階別の立木本数を結んで得られる胸高直径の分布曲線，および胸高直径と樹高の大きさの平均的な関係を示す樹高曲線の経年変化を示したものである．胸高直径の分布曲線が示すように胸高直径の大きさは平均値あたりに集中している．そして，林齢が高くなるにつれて平均の胸高直径と樹高は次第に大きくなり，胸高直径の分布範囲は若干広くなりながら，樹高曲線は右上方に移動していく．

　また，植栽時から主伐されるまでの立木本数と幹材積合計の経年変化は図 II-4 のようになる．立木本数は間伐のたびにその本数分だけ減少し，全体的には双曲線状の経年的な減少を示す．幹材積合計も間伐のたびに間伐木の幹材積合計分だけ減少するが，残存木の成長によって全体としては増加を続ける．林分に現存する立木の幹材積合計を林分材積と呼び，これに過去に間伐収穫さ

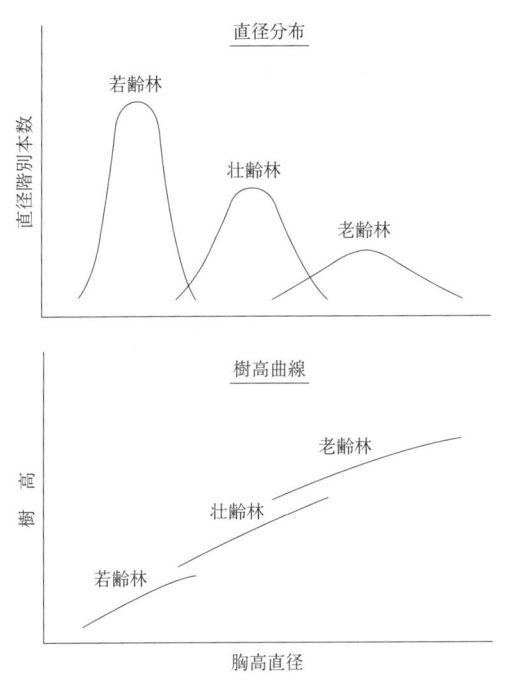

第Ⅱ章　森林施業の現状と問題点

**直径分布**

（グラフ：縦軸「直径階別本数」、若齢林・壮齢林・老齢林の分布曲線）

**樹高曲線**

（グラフ：縦軸「樹高」、横軸「胸高直径」、若齢林・壮齢林・老齢林の曲線）

**図Ⅱ-3** ● 皆伐林の胸高直径分布（上）と樹高曲線（下）の経年変化

れた幹材積の累積和を加えたものを総収穫材積と呼んで区別している．主伐時の総収穫材積が皆伐林の幹材積の総生産量で，これを主伐時の林齢で割ったものが年平均の幹材積生産量となる．なお，林分というのは，一続きの林地にあって林木の構成が似ており，施業や林木の諸量の測定において単位となる森林の部分の呼び名である．

他方，ナスビ伐り方式とヨーロッパ方式の択伐林では，大小の樹木が混在することは共通しているが，前者では大径材生産の持

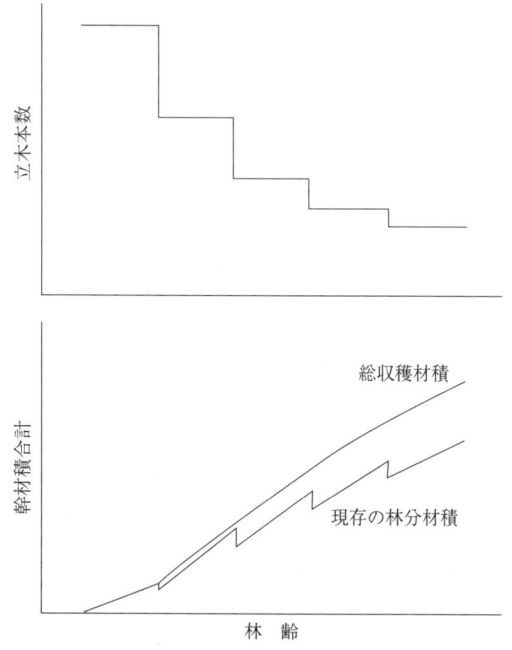

**図II-4**●皆伐林の立木本数(上)と幹材積合計(下)の経年変化

続,後者では生育空間の利用状態の最大化と目的が異なるために,具体的な取り扱い方と林木の構成に違いが生じる.

　生育空間が最大限に利用されたヨーロッパ方式の択伐林では,胸高直径分布は図II-5のように胸高直径が大きくなるほど立木本数が双曲線的に減少する逆J字型を示し,図中に示したマイヤー式で表現できるとされている.なお,照査法では5センチメートルの倍数が中央値になるように,胸高直径を5センチメートル括約で測定(図II-2を参照)し,胸高直径分布も5センチ

直径分布
(マイヤー式　$y = ae^{-bx}$)

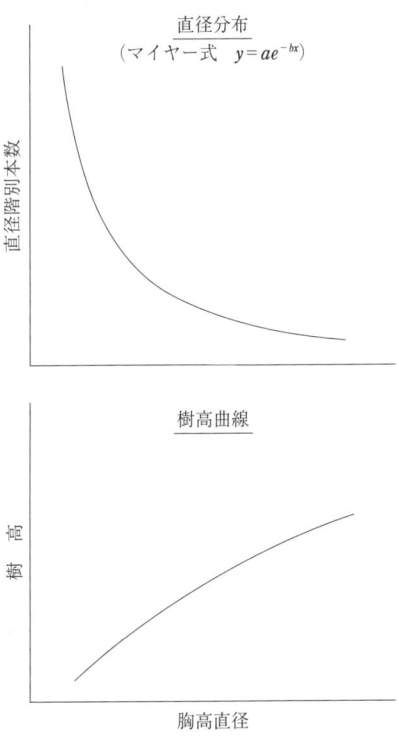

[直径階別本数]

樹高曲線

[樹高／胸高直径]

**図II-5** ●ヨーロッパ方式の択伐林における胸高直径分布（上）と樹高曲線（下）

メートル括約で示されている．

　ある年数が経過すれば，各胸高直径階の立木は胸高直径も樹高も成長して大きくなる．立木の枯損が無ければ，胸高直径の成長量に応じて胸高直径の分布曲線は全体的に右に移動し，各胸高直径階の立木本数は元の状態よりも多くなるが，樹高曲線は変わらない．そして，胸高直径の分布曲線において立木本数が多くなっ

た分だけ，小径木から大径木におよぶ各胸高直径階の立木を抜き伐りして元の立木本数に戻せば，林分材積の伐採量は成長量に等しくなる．このようにして，常に元の胸高直径分布に戻すことを繰り返せば，伐採と後継樹の発生により構成木には入れ替わりがあっても，林分材積の成長量がそのまま伐採量になるという状態が持続して年間の平均幹材積生産量は一定に保たれ，林分材積は択伐時に若干の増減を示しながらも比較的安定した値を示すことになる．

これに対して，一定の胸高直径以上の大径木しか伐採しないナスビ伐り方式の択伐林では，生育途中で枯れる林木が無いとすると，伐採対象以下の各胸高直径階の立木本数は同数であっても択伐林は維持できるので，各胸高直径階の立木本数が同じ，すなわち胸高直径分布は一様型であって良いことになる．そして，一定の胸高直径を超える大径木のみの抜き伐りが繰り返されると，ヨーロッパ方式の場合と同様に林分材積における伐採量と成長量が同じになり，年間の平均幹材積生産量は一定に保たれ，林分材積も安定した値を示すことになる．だだし，胸高直径分布の型が違うために中・小径木の本数はヨーロッパ方式の場合よりも少なくなるので，その分だけ年間の平均幹材積生産量，林分材積ともにヨーロッパ方式のものよりも少なくなる．これについては，後に詳しく述べる．

ところで，年間の平均幹材積生産量は地形や土壌といった条件によって左右される．これらの条件が同じ場所に皆伐林と択伐林の試験林を設置して，長年にわたり林分材積の経年変化を調査すれば，両者における年間の平均幹材積生産量の差異を明らかにす

ることができる．しかし，これは現実には難しいことで，そのようなような確かなデータは無い．ヨーロッパ方式の択伐林の信奉者は，大小の立木を混在させることによって空間が最大限に利用された状態になり，皆伐林よりも空間の利用状態が高まるので，年間の平均幹材積生産量は択伐林の方が皆伐林よりも多くなると考えている．一方，わが国では択伐林と言えばナスビ伐り方式のものや天然林に近いものを想定しがちで，これらの森林における年間の平均幹材積生産量は皆伐林よりも少ないことを経験的に知っていることもあって，択伐林の信奉者の主張は納得できないとする人もいる．すなわち，年間の平均幹材積生産量の皆伐林と択伐林における優劣については意見が分かれていて，未決着ということである．しかし，これは未決着で済ませることのできない重要な問題である．

## （3） 幹材の大きさと形質

　森林の木材生産機能を表すものとして，年間の平均幹材積生産量の他に，生産された幹材の大きさと形質がある．木材を利用する立場からすると，一定の用途に使用できる幹の大きさに早く育って欲しいことは確かであるが，それと同時に幹材の形質がそれぞれの用途に適したものであることも必要である．

　幹材の形質には，年輪幅の大きさと均一性，完満度，無節性といったものがある．完満度というのは，幹の上部になるにつれての直径の減少度で，直径の減少度が小さいほど完満度は高いとされている．樹高が同じ立木なら，全体的に直径が小さいほど直径

の減少度が小さくなって完満度は高くなる．

建築用材では年輪幅は狭くて均一で，完満度は高くて製材品における年輪走行の傾斜が小さく，節も少なくて見た目がきれいなものが好まれ，単価も高い．完満度が高いと丸太の上下における直径の差が小さくなるために，丸太の上端の寸法に合わせて柱や板のような建築用材を製材した時の利用できない部分が少なくなり，丸太材積に対する製材品の材積割合が大きくなるので，この意味でも完満度は高い方が望ましいとされている．

皆伐林で立木密度を高くすれば幹の直径成長が抑えられて幹の直径は小さくなり，年輪幅の小さい完満度の高い材になるとか，皆伐林の材では周辺部の年輪幅に比べれば中心部の年輪幅が小さくなるが，択伐林や天然林の材では材の中心部の年輪幅が皆伐林よりも小さくなる，といったことなどが経験的な知識として知られている．そして，これらの現象は樹冠の大きさに関連してのことであろうと想定はされていても，そのメカニズムまできちんと解明されてはいない．

木材生産の立場からすると，幹の大きさおよび形質に違いを生じる原因とそのメカニズムを明らかにすることは重要な問題である．

## (4) 環境保全機能

環境保全の機能は林木の存在によって発揮されるものであるから，一時的であるにしろ皆伐によって無立木の状態になる皆伐林よりも，常に林地が林木で覆われている択伐林の方が機能は高い

というのが一般的な認識である．だからこそ，環境保全機能を重視すべき保安林では，皆伐は禁止で，択伐が原則となっているわけである．

それはそれとして，環境保全の機能には水源涵養，山地の侵食防止，生活環境保全，野生生物の保護，景観維持などといった多様なものが含まれており，ただ択伐さえしておれば良いというものではなく，それぞれの機能の発揮に適した択伐施業の方法があるはずである．まだそこまで詰められていないが，これは今後明らかにすべき大切な問題である．

＊

以上のような問題点は全て樹冠との関連で検討することによって明らかにできそうである．すなわち，ヨーロッパ方式の択伐林において，空間が最大限に利用されているかどうかの判断は樹冠の空間占有状態に基づいてするのが最も合理的で，そうすることによって択伐林施業をもっと容易にする新たな施業の基準が見出せる可能性がある．また，樹冠の主要な構成要素は光合成能力を持つ葉であるから，皆伐林と択伐林における年間の平均幹材積生産量の違いは両者における樹冠量の差異に，幹の大きさと形質の違いは樹冠の大きさの差異に関連して決まるはずで，このような見地から検討すれば幹材積生産量や幹の大きさと形質に関する問題はきちんと解明できるはずである．そして，各種の環境保全機能の発揮についても，樹冠の集合体である林冠の状態に関連させて検討すれば，それぞれの機能の発揮に適した施業方法を詰めることができるはずである．

このような考えから，樹冠の大きさを的確に測定し，森林にお

ける樹冠の空間占有状態と量をつかまえる方法を工夫した．そして，樹冠の空間占有状態を基に択伐林の施業をもっと容易にする方法を探るとともに，木材生産と環境保全の機能を樹冠との関連で一元的に見直し，木材生産と環境保全の機能が両立できるような森林の施業方法を見定めるための研究を進めた．その方法と検討結果および結論を，以下順に述べる．

第III章 | *Chapter III*

# 樹冠の大きさと森林の樹冠量

　樹冠の大きさを示す量としては直径，長さ，投影面積，体積，表面積（底面を除く側面の面積）がある．直径と長さは樹冠の投影面積，体積，表面積を決める基本的な量である．そして，投影面積は樹冠の水平方向への広がりの大きさしか示さないが，体積は樹冠の占有空間の大きさを，表面積は陽光を受ける樹冠面の大きさを示すといった違いがある．

　ヨーロッパでもわが国でも，針葉樹を中心に樹冠の測定が始められたのは1930年頃からのようである．樹冠の量を測る目的にはいろいろあるが，最も重要なのは，光合成能力のある葉が樹冠の主要な構成要素であるところから，幹の成長量の指標として用いるためである．その他に，陽光や降水を遮断するのが樹冠であるところから，森林での樹冠の合計量は林内の日射量や降水の遮断量の指標としても用いられている．このように樹冠の大きさや森林の樹冠量は重要な役割を果たしているにもかかわらず，的確で容易な測定方法がなかったこともあって測定が実行されることは少なく，樹冠の大きさや森林の樹冠量に関する実態はあまり明らかにされていなかった．

　そこで，筆者はシュピーゲル・レラスコープによる樹冠の大き

さの測定方法を工夫し，森林における樹冠の空間的な分布の状態と量を求めるために林分構造図を開発した．本章では，これらの方法と，それによって得た結果について述べる．

# 1 樹冠の形と大きさ

これまでの樹冠の測定は，次のように行われてきた．

樹冠の長さは測高器で測定する．樹冠の投影面積と直径は，樹冠を上方から地上に平行投影したときの投影図を基に求める．すなわち，4方向ないしは8方向の樹冠端の位置で樹冠を見上げ，目測または直角儀のような器具によって地上に垂線を下ろすことにより投影枝長を測り，これらの点を結ぶことによって樹冠投影図を作成する．そして，投影図の面積を測定したり，各方向での投影枝長の平均値を半径とする円の面積として算出したりして投影面積を定める．また，樹冠直径は，各方向での投影枝長の平均値の2倍として求めたり，投影面積と等しい面積を持つ円の直径として定めたりしている．なお，直角儀を用いて垂線を下ろす方法では投影図の作成に手間がかかるために，現実には目測により垂線を下ろすという方法によることが多いが，目測によると投影面積にかなりの誤差を伴うことを覚悟しなければならない．

針葉樹の樹冠については，円錐体または放物線体，あるいはこれらの下に円柱体をくっつけた簡単な幾何学的立体とみなし，それらの立体の体積や表面積を計算して樹冠の表面積や体積としている．なお，広葉樹については，ナラで縦長の半楕円体，ポプラ

で半球体の下に円柱体をくっつけた幾何学的立体として，樹冠の体積や表面積を計算した例がある．

## （1） 樹冠の形

　針葉樹の樹冠の形を確認するために，多数のスギとヒノキを伐倒して樹冠の横断面形と縦断面形を調べた．その結果によると，傾斜地の立木で隣接樹冠との競合が厳しい樹冠下部では円から歪むこともあるが，それ以外では横断面形はまず円とみなしてよい状態であった．そして，縦断面形は基本的に図III-1のようにモデル化できた．すなわち，樹冠は十分に陽光を受ける上部の円錐体ないしは放物線体状の陽樹冠と，隣接木の樹冠に邪魔されて陽光が不足して枝の伸長が停止し，円柱体状となる下部の陰樹冠とに区分できる．このような陽樹冠と陰樹冠の区分は過去にも行われた例がある．この樹冠形モデルは針葉樹には広く適用できるが，陽樹冠の縦断面形の膨らみ具合は樹木が成長して樹冠が大きくなるにつれて増す傾向にあり，また樹種や品種による違いもあるので，それぞれの場合で異なるものとして扱う必要がある．

　樹冠を円錐体あるいは放物線体として扱った場合，体積では放物線体が円錐体の1.5倍，表面積では底面直径に対する高さの比である形状比によって多少異なるが，普通の樹冠の形状比からすると放物線体が円錐体のほぼ1.2〜1.3倍となる．この違いを考えると，円錐体あるいは放物線体のいずれかとみなすのではなく，陽樹冠の縦断面形の膨らみ具合はきちんと測定することが望ましい．

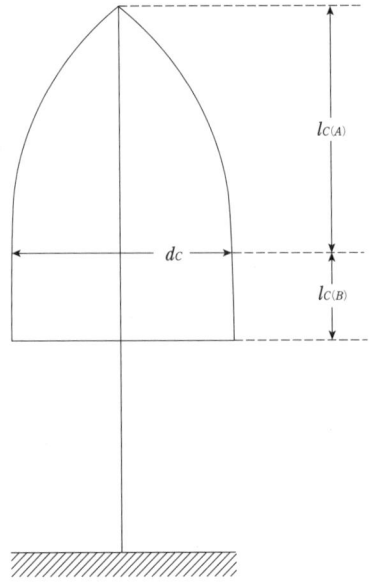

**図Ⅲ-1** ●針葉樹の樹冠形モデル
　　　$d_C$：樹冠直径　$l_{C(A)}$：陽樹冠長　$l_{C(B)}$：陰樹冠長

## （2）　樹冠の測定方法

　図Ⅲ-2に示したシュピーゲル・レラスコープという器具を用いると，立木のままで図Ⅲ-1のような樹冠の縦断面を示す樹冠曲線が，陽樹冠縦断面の膨らみ具合の違いも含めて測定できる．この器具は片手で握れる大きさで，図Ⅲ-3のような目盛が仕込まれていて，尺度の制動ボタンを押したままで視準窓を測定対象に向けて視準孔を覗くと，図Ⅲ-4のように上半分には測定対象が，下半分には仕込まれた尺度が見える．この器具では，尺度の

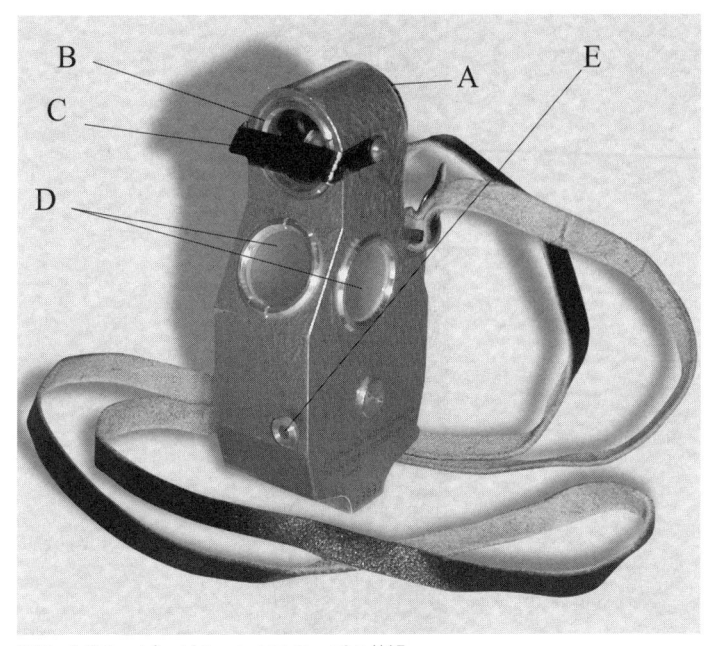

**図Ⅲ-2** ● シュピーゲル・レラスコープの外観
A：視準孔　B：視準窓　C：逆光に対するシェード　D：採光窓
E：尺度の移動ボタン

制動ボタンを押したままで測定することによって，視準線の傾斜によって変化する使用すべき尺度の目盛が，2分された上下の視野の境界線上に自動的に現れるようになっており，目盛の読み取りはこの境界線上で行う．

シュピーゲル・レラスコープによる樹冠の測定は，次のように行っている．

測定対象とする立木の山側に立って，樹高に近い水平距離をとり，木の根元とポールの下端が一致するように立木にそって立て

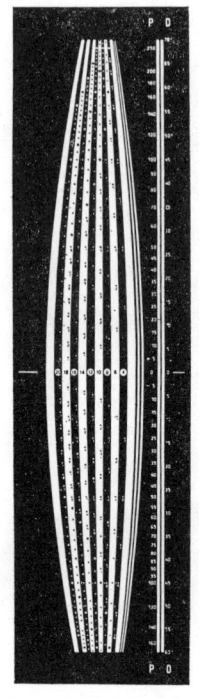

**図Ⅲ-3●シュピーゲル・レラスコープに仕込まれている目盛**
　中央にある白6本，黒5本の測帯の幅は同じで，その右にある白と黒各2本の測帯の幅は，これの4分の1の幅になっている．どの測帯も，またいくつかの測帯を集めた測帯束としても，視準線が水平である時に見える中央の位置で最も幅が広く，上下にいくにつれて次第に幅が狭くなっている．その幅の変化は，視準線の角度に応じて用いる測帯の位置が変わっても，視準線が水平の状態で一定の樹冠や幹の直径を挟んだ時の測帯数と同じになるようになっている．右端に並んでいる二つの目盛は，左が％，右が度で視準線の傾斜を示す目盛である．（大隅眞一『森林計測学講義』65頁より引用）

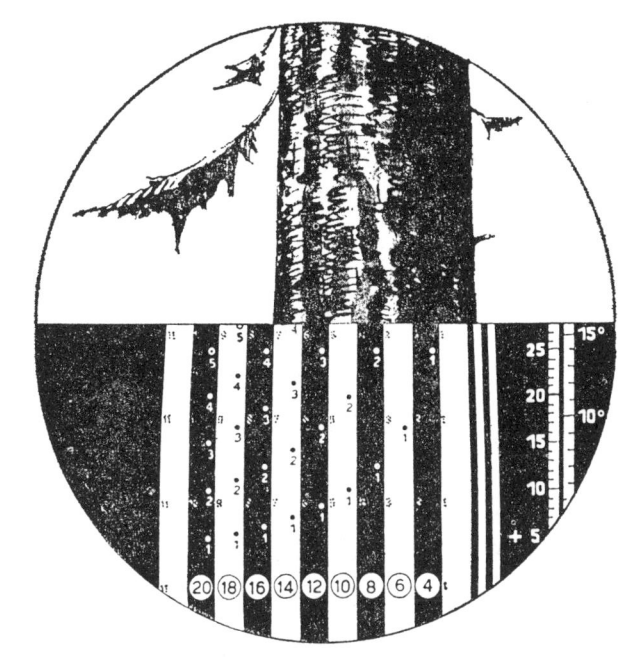

第Ⅲ章 樹冠の大きさと森林の樹冠量 69

**図Ⅲ-4 ● シュピーゲル・レラスコープの視準孔における視野**
この器具による測定は，常に尺度の制動ボタンを押した状態で行う．上半分には視準した対象が，下半分には視準線の傾斜に応じた測定に用いるべき目盛が自動的に見えるようになっていて，目盛の読み取りは上下の視野の境界線上で行う．（大隅眞一『森林計測学講義』64頁より引用）

た長さが既知（$h_0$）のポールの下端（$p_1$）と上端（$p_2$）ならびに樹冠の先端で％目盛の値を読み取る．次に，陽樹冠の中央付近の1箇所と基部位置で，それぞれの％目盛の値を読み取ると同時に樹冠直径を挟む測帯の数を数え，最後に陰樹冠の基部位置における％目盛の値を読む．測定値を正確なものにするにはポールは長い

ほうが良いので，筆者は6メートルのものを用いている．

　一般に測定対象とした位置の％目盛の読みを$p_i$とすると，その位置の地上高（$h_i$）は次の式で与えられるので，この式によって樹高，樹冠直径を挟む測帯数を数えた陽樹冠の中央付近と基部位置の高さ，および陰樹冠基部位置の高さを算出する．

$h_i = h_0(p_i - p_1)/(p_2 - p_1)$

測定位置から対象木までの水平距離（$l_0$）は，次の式で与えられる．

$l_0 = 100h_0/(p_2 - p_1)$

1測帯の幅は，それが挟む直径の大きさが対象木までの水平距離の50分の1になるように設定されているので，$n_i$なる測帯数で挟まれた樹冠直径（$d_i$）は次の式で与えられる．

$d_i = 2n_i h_0/(p_2 - p_1)$

　樹高と陽樹冠基部高の差として陽樹冠長を，陽樹冠基部高と陰樹冠基部高の差として陰樹冠長を求める．そして，陽樹冠の縦断面を示す陽樹冠曲線を，樹冠の先端を原点とし，先端からの距離を横軸に，樹冠半径を縦軸にとって式$y = x/(a + bx)$で表し，陽樹冠の中央付近と基部の位置における座標値を用いて，式のパラメータ$a$と$b$を定めるという方法で求めている．

　これらの結果より，陽樹冠基部の直径であり陰樹冠の直径でもある樹冠直径と等しい直径を持つ円の面積として樹冠の水平方向への広がりを示す樹冠基底断面積を，また樹冠曲線の回転体の体

積や表面積として陽樹冠と陰樹冠の別に体積や表面積を算出する．

　陽樹冠と陰樹冠の区分に多少の難しさはあるが，この樹冠の測定方法はかなり正確で，慣れれば1時間に40～50本ときわめて能率良く測定できる．

　なお，樹冠の水平方向への広がりを投影面積として測る場合には，樹冠を見上げて樹冠端を判定することになり，背景が空であるために葉の着生密度の低い枝の先端まで良く見える．これに対して，シュピーゲル・レラスコープによる測定では樹冠の側面から直径を測定することになるので，背景が後方の樹冠となって枝の先端がどうしても若干見失われがちになる．このため，図III-5に示したように，樹冠の投影面積よりも基底断面積の測定値の方が小さくなり，その偏りの程度は平均して20％ほどであることが実験的に確かめられている．したがって，樹冠の投影面積と基底断面積を対比する時には，両者の測定方法の違いから生じるこのような偏りに対する補正が必要である．

## （3） 樹冠の大きさと形状

　隣接樹冠との競合が無い状態では陽樹冠しか存在しないが，隣接樹冠との競合が起こって樹冠の下部で陽光が不足するようになると，枝の伸長が止まって陰樹冠が発達することになる．そして，隣接樹冠との競合状態によって，樹冠の大きさだけではなく陽樹冠の形状も変わる．

　陽樹冠の形状に関する因子として，そのスマートさを示す形状

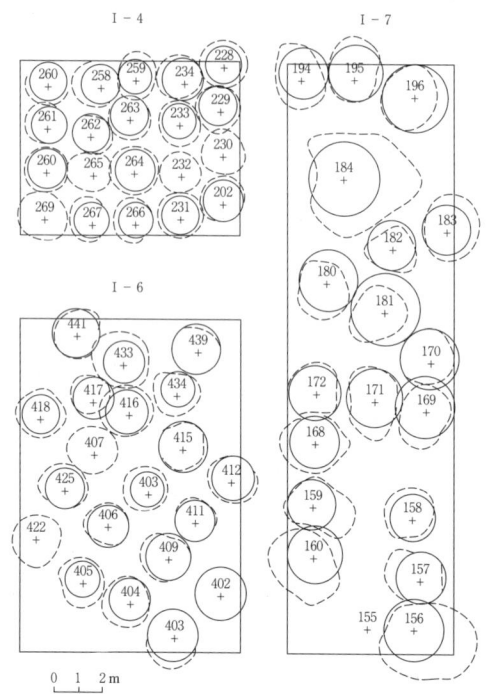

**図Ⅲ-5** ●大分県玖珠のスギ皆伐林における樹冠の基底断面積と投影面積の測定値の比較
実線：樹冠基底断面積　破線：樹冠投影面積
Ⅰ-4：林齢14年　Ⅰ-6：林齢30年　Ⅰ-7：林齢39年

比すなわち陽樹冠の基部直径に対する長さの比と，陽樹冠曲線の膨らみ具合がある．陽樹冠曲線の膨らみ具合の指標としては陽樹冠の基部位置の直径に対する中央位置の直径の比が有効である．これを知るには陽樹冠のちょうど中央での樹冠直径を測定しておくと都合がよいが，これの測定は作業が煩雑になって実行し難い．そこで，中央付近の任意の位置での陽樹冠直径の測定で済ま

せて，先に述べたようにして定めた陽樹冠曲線式より中央位置での直径を推定し，この値と基部位置での直径の測定値とから算出している．

　林木の高さが揃っていて，全ての樹冠がほぼ同じ地上高に並んでいる皆伐林で主に問題になるのは水平方向での競合で，樹冠の閉鎖以前には競合がないが，閉鎖後はずっと水平方向で競合が続くことになる．

　挿し木によって苗木を育てたヤブクグリという品種のスギを主体に1ヘクタール当たり4000本植栽し，間伐と枝打ちが行われていて，用材生産林としては普通の密度管理状態にある大分県玖珠のスギ皆伐林において，林齢6〜60年の30林分で樹冠の大きさと形状の経年変化を調べると，次のようであった．

　樹冠が閉鎖する林齢10年までは樹冠は陽樹冠のみからなり，図III-6，7に示すように樹冠直径，陽樹冠長ともに急増する．この時期を過ぎると，林齢20年までは樹冠直径，陽樹冠長ともに増加が停滞する一方で陰樹冠が発達し，陰樹冠長が急増する．林齢20年以降では樹冠直径と陽樹冠長は単調な増加に転じるが，陰樹冠長の増加は止まって一定で推移するようになる．そして，ここには示さなかったが，陽樹冠の形状比は林齢10年までは急増するが，林齢10〜20年では増加が停滞し，林齢20年以降では直線的な漸減に転じた．また，陽樹冠の膨らみ具合には形状比のような経年変化の曲折は見られず，上方に凸の曲線状の一貫した増加を示した．

　このように皆伐林における樹冠の大きさと形状の経年変化は，陽樹冠のみしか存在せず，これが急速に大きくなって樹冠が閉鎖

**写真Ⅲ-1 ●大分県玖珠のスギ皆伐林**
　普通の密度管理状態の森林で、挿し木で苗木を養成したヤブクグリという品種の樹冠の形が特徴的である．ある会社が管理するこの地域の森林では，1960年から1985年までの間に6回調査させてもらった．（大隅眞一先生撮影）

する段階，陽樹冠の発達は停滞するが，陰樹冠が発達する段階，陽樹冠は大きくなるが陰樹冠の発達が停滞する段階と三つの段階に区分できる．

　一方，大小の立木が混在していて樹冠が上下に分散している択伐林では，水平方向での隣接樹冠との競合は皆伐林の樹冠閉鎖後ほど厳しくはないが，下層木と中層木，とくに下層木では上方にある樹冠の被圧を受けることになる．

　岐阜県今須のスギ・ヒノキ択伐林（口絵1も参照）に設けた6箇所の固定試験地における測定結果を用いて，樹冠の大きさと形

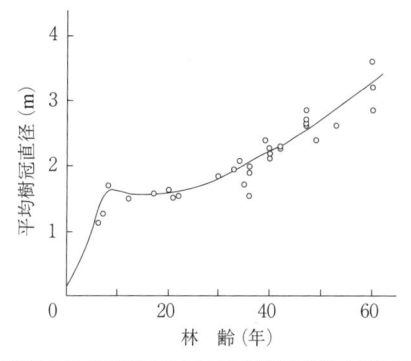

**図Ⅲ-6** ●大分県玖珠のスギ皆伐林における平均樹冠直径の経年変化

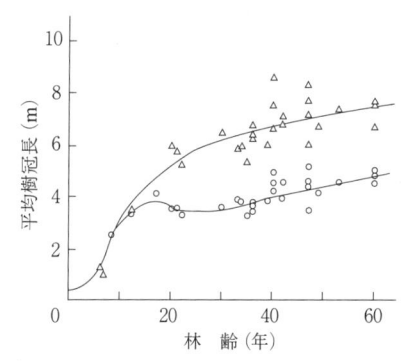

**図Ⅲ-7** ●大分県玖珠のスギ皆伐林における平均樹冠長の経年変化
　　　　○：陽樹冠　△：全樹冠

状の樹高による変化を調べた．その結果によると，樹冠の大きさと形状の変化には皆伐林におけるような曲折は見られず，樹冠直径および陽樹冠の長さと形状比は単調な増加を示すが，陽樹冠の膨らみ具合と陰樹冠長とはあまり変化を示さなかった．そして，スギとヒノキの樹種間における樹冠の大きさと形状の差は認めら

**写真Ⅲ-2●** 1975年頃の岐阜県今須のスギ・ヒノキ択伐林
最初の固定試験地を設定した頃の写真で,口絵1の写真と比べれば分かるように,かなりの数の後継樹が育っていて,小さい木から大きな木までが揃って存在している.後述の林分構造図を作成して検討した結果によると,当時における樹冠の空間占有状態はヨーロッパ方式の択伐林における樹冠の空間占有モデルに近かった.(中村基氏撮影)

れなかった．

　大分県玖珠のスギ皆伐林と岐阜県今須の択伐林のスギを比較すると，樹冠の大きさと形状にはかなりの違いが見られた．すなわち，直径，長さ，体積，表面積といった樹冠の大きさについては，樹高の低い段階では皆伐林と択伐林での差はそれほど無いのに，樹高の高い段階での陽樹冠は皆伐林よりも択伐林の方が大きく，陰樹冠は逆に皆伐林よりも択伐林の方が小さかった．また，陽樹冠の形状比や膨らみ具合の変化は皆伐林よりも択伐林の方が緩やかであった．そして，形状比は樹高が高くなるにつれて次第に両者の差がなくなるが，全体的に皆伐林よりも択伐林の方が小さく，膨らみ具合は樹高の低い段階では択伐林の方が大きいが，樹高が高くなると逆に皆伐林の方が大きいという状態であった．このような皆伐林と択伐林における樹冠の大きさと形状の違いは，両者における樹冠の生育環境と競合状態の違いを反映しての結果とみられる．

　皆伐林と択伐林における違いはそれとして，同じ皆伐林でも樹冠の大きさと形状の具体的な経年変化は密度管理状態によっても異なり，植栽密度が高くて立木本数が多いほど樹冠が閉鎖する時期は早くなり，陽樹冠の大きさ，形状比および膨らみ具合は小さくなることが認められた．また，各地の択伐林で調査した結果によると，具体的な施業に違いがあって隣接樹冠との競合状態が異なる場合には，樹冠とくに陽樹冠の大きさと形状に違いが見られた．

　以上の結果が示すように，樹冠の大きさと形状は皆伐林と択伐林，皆伐林の密度管理状態などによっても違うが，基本的にその

決め手になるのは隣接樹冠との競合状態であるということである.

## 2 樹冠の空間占有状態と森林の樹冠量

森林の樹冠量は各木の樹冠量の合計として求めることもできるが，これでは樹冠の空間占有状態までは分からない．そこで，筆者は林分構造図を作成することによって，森林における樹冠の空間占有状態とともに各種の樹冠量を求めるようにしている．

### (1) 林分構造図

図III-8, 9は，樹冠の空間占有状態と森林の樹冠量が異なる皆伐林と択伐林の林分構造図を例示したものである．立木の地上部を樹冠と幹に，樹冠はさらに陽樹冠と陰樹冠に区分して，各地上高での直径分布とそれから求めた断面積合計および周囲合計に加えて，枝下高分布と樹高分布を示してある．樹冠や幹の体積合計は，座標軸と各地上高における断面積合計を結ぶ線とで囲まれた図形の面積，また表面積合計は座標軸と各地上高における周囲合計を結ぶ線で囲まれた図形の面積に等しいので，このようにして求めた体積合計や表面積合計とともに，樹冠基底断面積合計や樹冠と幹の平均的な大きさも算出して付記してある．なお，図III-9では各地上高での周囲合計を省略してある．

林分構造図の作成では，各地上高における樹冠と幹の直径分布

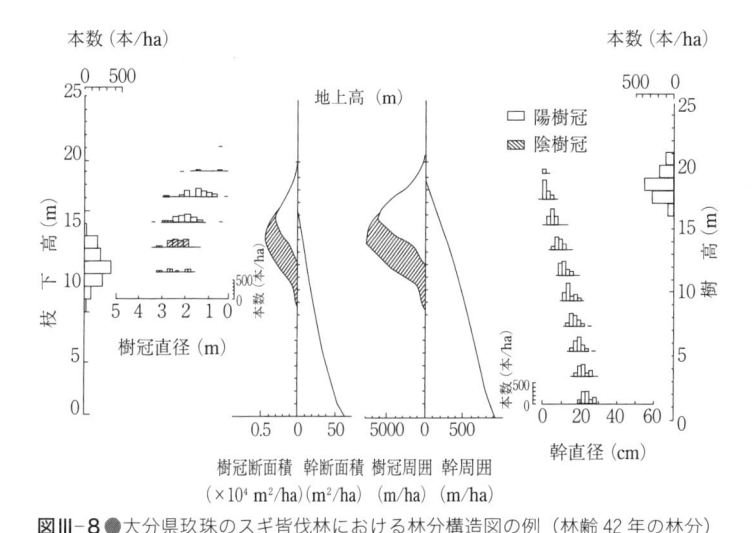

**図Ⅲ-8** ● 大分県玖珠のスギ皆伐林における林分構造図の例（林齢42年の林分）

|  | 陽樹冠 | 陰樹冠 | 全樹冠 |  |  |
|---|---|---|---|---|---|
|  |  |  |  | 立木本数（本/ha） | 1,114 |
| 平均樹冠直径（m） | - | - | 2.3 | 平均胸高直径（cm） | 24.3 |
| 平均樹冠長（m） | 4.1 | 2.7 | 6.8 | 平均樹高（m） | 18.5 |
| 樹冠体積（m³/ha） | 11,010 | 13,270 | 24,280 | 幹材積（m³/ha） | 423 |
| 樹冠表面積（m²/ha） | 23,240 | 22,090 | 45,330 | 幹表面積（m²/ha） | 9,270 |
| 樹冠基底断面積（m²/ha） | - | - | 4,760 | 胸高断面積（m²/ha） | 52.6 |

が出発点となるが，これを求めるには調査地内の全立木について，樹冠の縦断面を示す樹冠曲線と幹の縦断面を示す幹曲線が必要となる．全立木の樹冠曲線と幹曲線は，以下のようにして求めている．

経験によると，構成樹種が同じ皆伐林では50本程度，構成樹種が2種類の択伐林では100本程度の立木を含む面積の調査地をとれば，不規則さの目立たない信頼のできる林分構造図が作成できる．そこで，これくらいの立木を含む調査地を設けて，その面

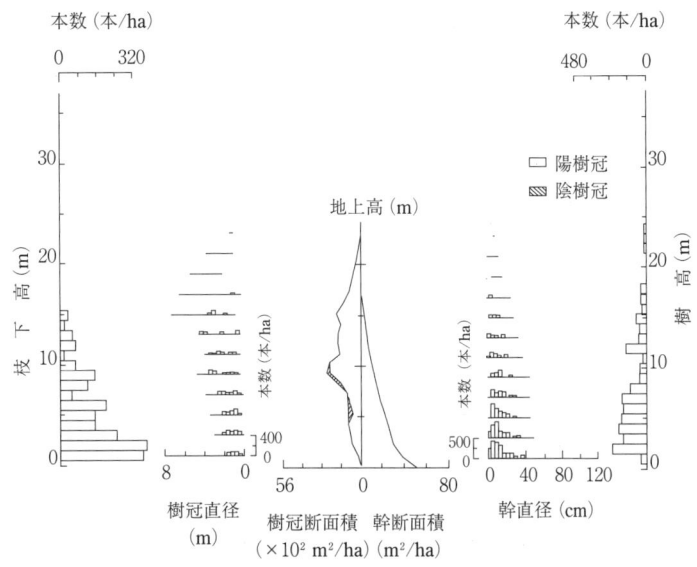

**図III-9** ●岐阜県今須のスギ・ヒノキ択伐林における林分構造図の例
(1975年のG-5固定試験地)

| | 陽樹冠 | 陰樹冠 | 全樹冠 | | |
|---|---|---|---|---|---|
| | | | | 立木本数(本/ha) | 2,083 |
| 平均樹冠直径(m) | — | — | 2.4 | 平均胸高直径(cm) | 11.5 |
| 平均樹冠長(m) | 2.9 | 0.1 | 3.0 | 平均樹高(m) | 7.9 |
| 樹冠体積($m^3$/ha) | 22,591 | 1,003 | 23,594 | 幹材積($m^3$/ha) | 295 |
| 樹冠表面積($m^2$/ha) | 34,689 | 1,571 | 36,260 | 幹表面積($m^2$/ha) | 6,021 |
| 樹冠基底断面積($m^2$/ha) | — | — | 11,224 | 胸高断面積($m^2$/ha) | 38.0 |

積を測定するとともに，調査地内の全立木について，胸高直径（できれば樹高の1/10の相対高における幹直径である基準直径も）を輪尺で，樹高，樹冠直径，陽樹冠長，陰樹冠長および陽樹冠曲線の膨らみ具合をシュピーゲル・レラスコープで測定する．

樹冠曲線は，先に述べた方法で1本1本の立木について定めることができる．しかし，陽樹冠の長さと基部直径とをそれぞれ1

と置くことによって相対化した相対陽樹冠曲線は，大きさの異なる陽樹冠曲線を集約して表現できる性質を持っている．この性質を利用すると，林分内の立木を相対陽樹冠曲線の膨らみ具合が異なるグループに分け，グループごとに求めた平均相対陽樹冠曲線を陽樹冠の長さと基部直径の大きさに応じて膨らませることによって各木の陽樹冠曲線を推定するという方法を採ることもできる．これまでの経験からすると，皆伐林では全ての立木で，択伐林では樹高の大小によって二つのグループに分ければ，相対陽樹冠曲線は共通のものとみなせることが多かった．グループの平均相対陽樹冠曲線は，陽樹冠曲線の膨らみ具合の指標である陽樹冠の基部直径に対する中央直径の比の平均値を求め，この平均値の相対陽樹冠曲線上の座標値と相対陽樹冠曲線が定義上通る座標値 (1.0, 0.5) より，先に陽樹冠曲線を定めるのに用いたのと同じ式 $y=x/(a+bx)$ を適用してパラメータ $a$ と $b$ を定めるという方法で定められる．陽樹冠曲線を各木の測定値から定めた場合と，平均相対陽樹冠曲線から推定した場合とについて，結果を比較してもほとんど違いを示さなかったので，後者の方法を採用している．

　全立木の幹曲線を1本1本測定するのは大変であるので，次に述べるような正常相対幹曲線を利用して，標本木における測定値から推定している．

　幹の横断面はほぼ円であるので，幹の縦断面は左右対称の形となる．そこで，幹の縦断面は，その半切分をとり，図III-10の上段に示すように梢端を原点に，横軸には梢端からの距離 ($X$) を，縦軸には幹半径 ($Y$) をとった幹曲線で表わしている．しかし，

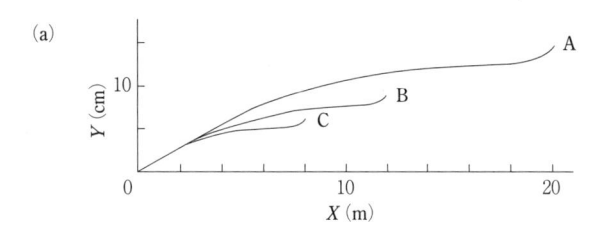

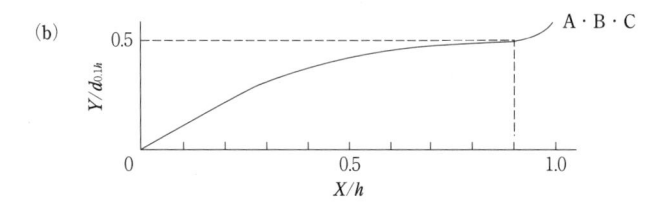

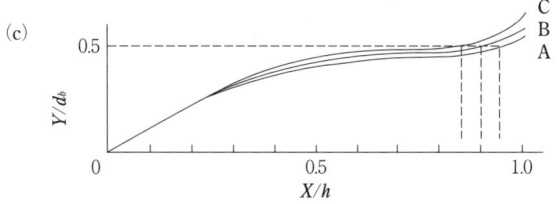

**図Ⅲ-10● 幹曲線の表現方法**
(a) 現実の幹曲線 (b) 正常相対幹曲線 (c) 非正常相対幹曲線

このままでは大きさの異なる木の幹の縦断面形は比較できないので、図Ⅲ-10 の中段に示すように樹高の 1/10 の相対高における基準直径 ($d_{0.1h}$) と樹高 ($h$) をそれぞれ 1 と置くことによって幹曲線を相対化し、横軸には相対距離 $X/h$, 縦軸には相対半径

$Y/d_{0.1h}$ をとった正常相対幹曲線によって幹の縦断面形を比較するという方法が採られている．なお，幹曲線の相対化にあたって，陽樹冠曲線の相対化における基部直径のように幹の下端の直径である地際の幹直径を用いないのは，地際では幹の横断面の形が円からかなり歪んでいて直径が定めにくい上に，幹曲線の変化も不安定で，基準とする幹直径として不適当であるからである．

幹曲線の相対化に当たって大切なことは，胸高直径のように一定の地上高ではなくて，樹高に対する相対高が一定の位置の幹直径を基準にとることである．胸高直径（$d_b$）を1と置いて縦軸に $Y/d_b$ をとって幹曲線を相対化した非正常相対幹曲線では，図III-10の下段に示すように縦座標が0.5となる胸高位置における横座標の値が樹高によって異なることになる．これに対して，相対高が同じ基準直径（$d_{0.1h}$）を1と置いた正常相対幹曲線では，樹高や基準直径といった幹の大きさが異なっても，全ての立木の相対幹曲線が座標 (0.9, 0.5) を必ず通ることになり，幹曲線の膨らみ具合すなわち幹の縦断面形の異同が端的に比較，表現できる．図の例では大きさの異なる幹の幹曲線が全て同じになって，幹の縦断面形には違いがないことを示している．

このように，正常相対幹曲線は幹の縦断面形の表現方法としては最も合理的なもので，大きさの異なる幹の幹曲線を集約して表現できるという性質を持っている．以下，単に相対幹曲線と呼ぶのは正常相対幹曲線のことである．

相対幹曲線の変化については後に詳しく述べるが，これまでの経験によると，樹高の差が少ない皆伐林では全ての立木で，択伐林でも樹高の大小によって二つのグループに分ければ，相対幹曲

線の膨らみ具合はきわめて近似したものとなった．相対幹曲線が近似しているグループごとに平均相対幹曲線を求め，これを基準直径と樹高の大きさに応じて膨らませば，各木の幹曲線が推定できることになる．なお，基準直径（$d_{0.1h}$）は測られていなくても，相対幹曲線と胸高直径（$d_b$）および樹高（$h$）が与えられておれば，相対幹曲線上での胸高の位置の$y$座標を$y_b$とすると，$d_{0.1h}=d_b/2y_b$という関係が成立するので，この関係を用いて推定することができる．

ところで，平均相対幹曲線を求めるに当たって，相対幹曲線を曲線のままで取り扱うことは実用上不便である．そこで，相対幹曲線を相対直径列で表し，後でこれを相対幹曲線に置き換えるという方法を採っている．相対直径列というのは，樹高の1/10，3/10，5/10，7/10，9/10という各相対高での幹直径の基準直径に対する比として求めた$\eta_{0.1h}$，$\eta_{0.3h}$，$\eta_{0.5h}$，$\eta_{0.7h}$，$\eta_{0.9h}$という五つの相対直径よりなる数列で，相対幹曲線と相対直径列との関係を示すと図III-11のようになる．ここで，$\eta_{0.1h}$は定義上常に1となる．なお，図上での縦軸には各相対直径の半分である相対半径が示されることになる．

相対幹曲線の膨らみ具合が異なるグループごとに標本木を選び，樹高の1/20，1/10，3/10，5/10，7/10の各相対高の幹直径を測定する．ここで，樹高の1/20の相対高の幹直径を測るのは，変化の激しい幹足よりの部分の幹曲線を正確に表現するためであり，樹高の9/10の相対高の幹直径を測定しないのは，樹冠の中にあって測定ができないためである．樹冠が長い立木では，7/10の相対高の幹直径も測定できないことがある．シュピーゲル・レ

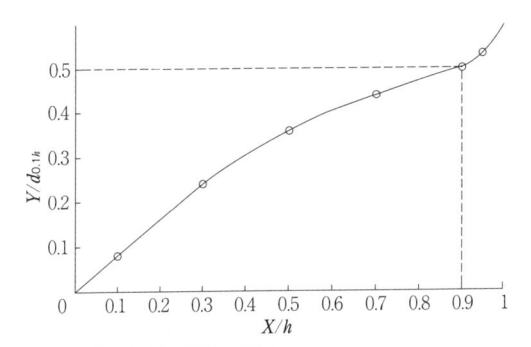

**図Ⅲ-11●相対幹曲線と相対直径列の関係**
　　　　○印は，相対幹曲線上の相対直径列の位置を示す．

ラスコープの％目盛を用いて立木の根元と梢端での値を読み取り，それを基に各相対高における％目盛の値を携帯用の電卓で計算し，それらの位置を定める．そして，手が届く範囲の高さの幹直径は輪尺で，それより上の幹直径は図Ⅲ-12に示す四角い筒状のペンタプリズム輪尺を用いて，ミリメートル単位で測定する．ペンタプリズム輪尺による幹直径測定の原理は，図Ⅲ-13のとおりである．1人がシュピーゲル・レラスコープとペンタプリズム輪尺の二つの器具を持って行う必要があるが，この測定方法はかなり能率がよく，慣れると1時間に20本ほどは測れる．

　相対直径ごとに標本木での平均値を求め，相対幹曲線は定義上座標 (0.9, 0.5) は必ず通るのでその条件付で，相対幹曲線式 $y=ax+bx^2+cx^3+dx^{20}$ のパラメータ $a, b, c, d$ を最小自乗法で定めて平均相対幹曲線とする．なお，この相対幹曲線式は根元よりの部分の曲線もうまく表現できて，適合状態が良い．

　以上のような方法によると，全立木の幹曲線が効率よく推定で

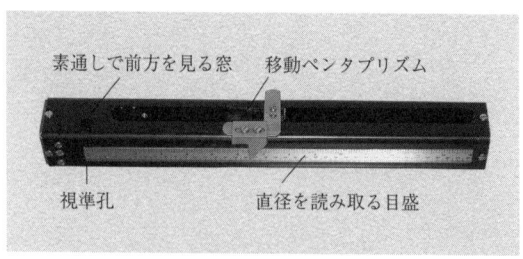

**図Ⅲ-12●**ペンタプリズム輪尺の外観

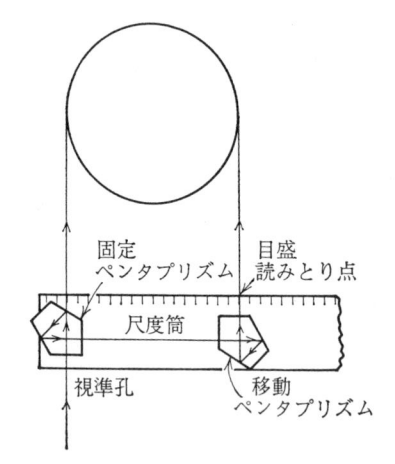

**図Ⅲ-13●**ペンタプリズム輪尺による直径測定

　　　左のペンタプリズムは尺度が０の点に固定されているが，右のペンタプリズムは手で動かせるようになっている．視準孔からは，直接見える幹の左端が上部に，右と左の二つのペンタプリズムにより反射してきた幹の右端が下部に見えるようになっている．右のペンタプリズムを動かして，幹の左端と右端が上下一線に重なったときの尺度の読みが幹の直径となる．（大隅眞一『森林計測学講義』62頁より引用）

きる.

　4人1組で作業した場合の林分構造図作成のための野外調査に要する時間は皆伐林で3時間,択伐林で5〜6時間である.その後の計算と林分構造図の図示には,そのために作成したコンピュータプログラムを用いているので,そう多くの手間と時間はかからない.


## （2）　皆伐林の樹冠量

　大分県玖珠のスギ皆伐林で,林齢6〜60年の30林分について林分構造図を作成した結果,次のことが分かった.

　樹冠の空間占有状態の経年変化は図III-14のようになり,樹冠が存在する地上高の範囲は限られていて,その範囲は林齢の経過につれて上方に移動し,下部には樹冠の存在しない空間が次第に広がる.

　そして,森林の樹冠量には次のような経年変化がみられた.

　皆伐林の樹冠配列模型として,図III-15のような直径の同じ樹冠が,樹冠の中心が正方形結合や正三角形結合をなして等間隔で並んだ状態が考えられる.計算結果によると,正方形結合でも正三角形結合でも,樹冠基底断面積合計は樹冠直径の大小には関係なく,樹冠の直径に対する間隙の比である樹冠間隙率によって定まり,樹冠間隙率が小さいほど大きくなる.皆伐林では正方形結合で苗木を植栽するのが普通であるが,後に述べるように京都市北山の床柱用の磨き丸太生産林では正三角形結合での植栽が行われている.植栽後には間伐などによる立木本数の減少に伴って次

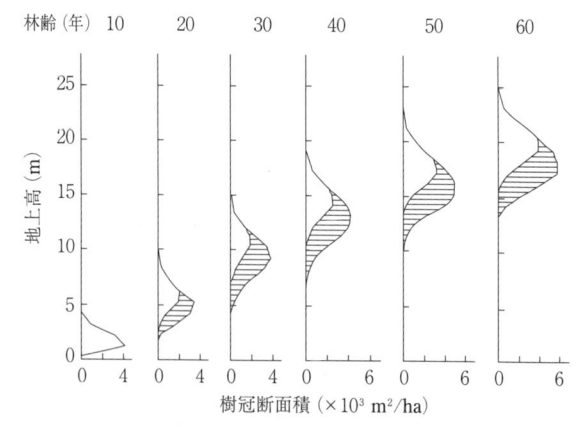

**図Ⅲ-14**●大分県玖珠のスギ皆伐林における樹冠体積合計の垂直的配分の経年変化
白抜き部分：陽樹冠　横線部分：陰樹冠

第にこの配列模型が崩れ，樹冠直径の大きさにもいくぶんの差異を生じるが，樹冠配列模型における樹冠基底断面積合計と樹冠間隙率との関係は，現実の森林でも一応の基準ないしは目安として役立つ．

大分県玖珠のスギ皆伐林（写真Ⅲ-1を参照）ではほぼ正方形結合で苗木を植栽しているので，樹冠基底断面積合計の測定結果を正方形結合の樹冠の配列模型における場合と比べると，図Ⅲ-16のようになる．樹冠が閉鎖する林齢10年までは，各木の樹冠が大きくなるにつれて樹冠間隙率が減少して樹冠基底断面積合計は急増し，樹冠が閉鎖すると樹冠間隙率が0の時の樹冠配列模型における値である1ヘクタール当たり7850平方メートルに近い最大値を示す．その後，樹冠直径の成長の停滞と立木本数の減少が

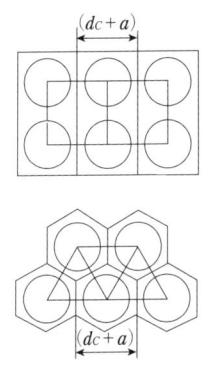

**図III-15**●皆伐林における樹冠の配列模型
上段：正方形結合　下段：正三角形結合
$d_C$：樹冠直径　$a$：樹冠間隙
正方形結合での樹冠基底断面積合計　　$G_{C(S)} = 2500\pi/(1+a/d_C)^2$
正三角形結合での樹冠基底断面積合計　$G_{C(T)} = 5000\pi/\sqrt{3}(1+a/d_C)^2$

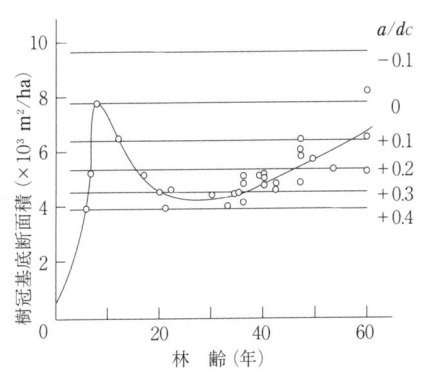

**図III-16**●大分県玖珠のスギ皆伐林における樹冠基底断面積合計の経年変化
正方形結合模型での樹冠基底断面積合計　　$G_{C(S)} = 2500\pi/(1+a/d_C)^2$
$d_C$：樹冠直径　$a$：樹冠間隙

あって，林齢20年までは樹冠間隙率が増加して樹冠基底断面積合計は減少するが，林齢20〜40年では本数減少はあっても各木の樹冠は大きくなるので，樹冠間隙率が0.3前後と一定化して，樹冠基底断面積合計は1ヘクタール当たり4000〜5000平方メートルで推移している．

なお，図III-16の結果では林齢40年を過ぎると樹冠間隙率が減少して樹冠基底断面積は増加に転じているが，これには次のような事情がある．林齢45年までの林分が測定されたのは普通に間伐が行われていた時期のものであるが，当時それ以上の林齢の林分が無かったために，林齢45年以上の林分はその後の木材不況が深刻化して間伐が停滞した時期に追加測定したものである．立木本数が多いと樹冠間隙率が小さくなることが実験的に認められていることからすると，林齢40年を過ぎての樹冠間隙率の減少と樹冠基底断面積の増加は，間伐の停滞に伴う立木本数の減少不足から起こった現象である可能性が高い．樹冠投影面積合計についてであるが，林齢40年以降の増加が認められなかったという過去の測定結果からしても，普通に間伐が行われていれば，林齢40年以降でも林齢20〜40年と同様の樹冠間隙率と樹冠基底断面積合計を示したとみられる．すなわち，林齢20年以降では，樹冠間隙率，樹冠基底断面積合計ともに一定で推移するのが本来の姿ではないかということである．

樹冠の体積合計と表面積合計の測定結果は図III-17，18のようになる．

林齢10年までは陽樹冠のみからなり，この間に陽樹冠が急速に発達して1ヘクタール当たりの陽樹冠体積合計は林齢10年に

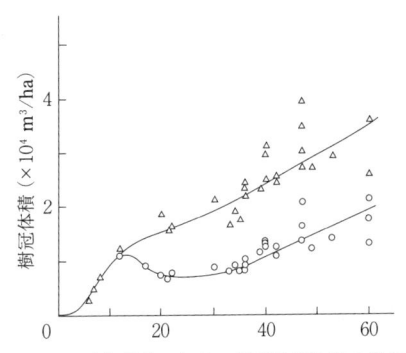

**図Ⅲ-17●**大分県玖珠のスギ皆伐林における樹冠体積合計の経年変化
　　　　○：陽樹冠　△：全樹冠

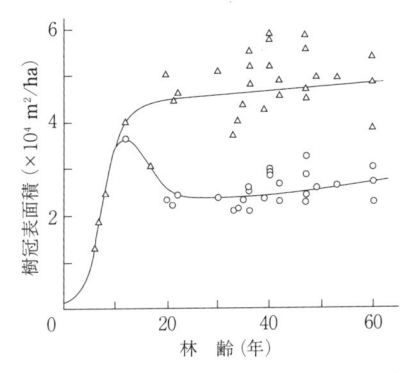

**図Ⅲ-18●**大分県玖珠のスギ皆伐林における樹冠表面積合計の経年変化
　　　　○：陽樹冠　△：全樹冠

は1万立方メートル前後に達し,その後は少し減少して林齢20年で7000立方メートル前後となるが,林齢20年以降では単調な増加に転じて林齢60年では1万5000立方メートル前後となっている.1ヘクタール当たりの陰樹冠体積合計は林齢10〜20年で

急速に増えるが,林齢20年以降では1万〜1万5000立方メートル前後で推移する.したがって,陽樹冠に陰樹冠を加えた1ヘクタール当たりの全樹冠の体積合計は林齢20年で1万5000立方メートル前後,林齢60年で3万立方メートル前後となっている.

また,1ヘクタール当たりの陽樹冠表面積合計は林齢10年までは急増して最大の3万5000平方メートルに達するが,林齢10〜20年では減少し,それ以降は2万〜3万平方メートル前後で推移している.1ヘクタール当たりの陰樹冠表面積合計は樹冠閉鎖後から林齢20年あたりまでは急激に増加するが,それ以降では発達が停滞して2万平方メートル前後と一定化する.したがって,陽樹冠に陰樹冠を加えた1ヘクタール当たりの全樹冠の表面積合計は林齢20年あたりまでは増加するが,それ以降は4万〜5万平方メートル前後で推移している.

図III-17, 18に示した結果について,一つ指摘しておきたいことがある.それは,林齢20年を過ぎてからの陽樹冠の体積合計と表面積合計の経年変化の違い,すなわち陽樹冠の体積合計は増加を示すのに,表面積合計は増加を示さないことについてである.陽樹冠のような立体の体積合計は基底断面積合計,平均的な縦断面の膨らみ具合および平均的な樹冠長の三者によって,表面積合計は基底断面積合計,平均的な縦断面の膨らみ具合および形状比の三者によって決まる.したがって,両者で基底断面積合計と平均的な縦断面の膨らみ具合は共通の関係因子であるが,第3の関係因子が異なり,前者では平均的な長さが,後者では平均的な形状比が関係因子となっている.測定結果によると,先に述べたように陽樹冠の平均的な長さは林齢が進むにつれて増加し続け

るのに，平均的な形状比は当初増加していたものが林齢20年を過ぎると減少に転じる．このような平均的な長さと形状比の経年変化の違いが，体積合計と表面積合計との経年変化の差異となって現れたわけである．林齢20年以降における体積合計と表面積合計の経年変化の違いは陽樹冠のみならず全樹冠についても見られる．

皆伐林の樹冠量の経年変化にも，前述した樹冠の大きさと形状におけると同様の三つの段階がみられる．第1は樹冠が陽樹冠のみからなり，樹冠が閉鎖するまでの樹冠の諸量が急増する段階，第2は樹冠基底断面積および陽樹冠の体積合計と表面積合計は減少するが陰樹冠が急速な発達をする段階，第3は陰樹冠の発達は停止し，樹冠基底断面積合計と陽樹冠の表面積合計したがって全樹冠の表面積合計も一定で推移するようになるが，陽樹冠の体積合計は増加するので全樹冠の体積合計も増加を示す段階である．

## （3） スギ・ヒノキ択伐林における樹冠の空間占有モデルと樹冠量

岐阜県今須の固定試験地をはじめ，滋賀県谷口（田根），広島市沼田，広島県吉和，愛媛県久万，高知県魚梁瀬といった各地にあるスギ・ヒノキ択伐林で林分構造図を作成して胸高直径分布や森林の樹冠量とその垂直的配分を調べた．その結果によると，ヨーロッパ方式の択伐林のように胸高直径分布が逆J字型を示すものはまれで，これよりも小径木の本数は少ないが大径木の本数は多いという歪みを示すものが多かった．したがって，これらの択伐林での森林の樹冠量とその垂直的配分が，そのままヨーロッ

パ方式の択伐林のものであるとは受け取り難い.

ヨーロッパ方式の択伐林では，できるだけ高い林分材積成長量を保持すると同時に，択伐林を維持する上で欠かせない後継樹の生育を確保することが要件となる．高い林分材積成長量を保持するには森林の樹冠量は多いことが望ましい一方で，樹冠量が多すぎると林内の日射量が不足して後継樹の生育が確保できなくなるので，存在しうる樹冠量には限度を生じる．しかも，林分材積成長量や林内の日射量は，樹冠の合計量だけではなく，その垂直的配分によっても変わるとみられる．

このような見地から，国の内外における過去の調査・研究成果と筆者らの測定結果を総合して，ヨーロッパ方式の択伐林における樹冠量とその垂直的配分の在り方を調べた．その結果，昭和初期に高知営林局管内の魚梁瀬のスギ択伐林について報告されていたように，森林全体の樹冠基底断面積合計が垂直的に一様に配分されていて各地上高階の樹冠基底断面積合計が同じであり，スギ・ヒノキの択伐林では1ヘクタール当たりの樹冠基底断面積合計は1万2000平方メートル（先に述べたような関係で樹冠投影面積合計では1万5000平方メートル）が限度であるとの結論を得た．すなわち，樹冠基底断面積合計の限度値である1万2000平方メートルを，林内に存在する木の最高の樹冠基部高で割ったものが各地上高階における1ヘクタール当たりの樹冠基底断面積合計になっているという状態である．そこで，これをヨーロッパ方式のスギ・ヒノキ択伐林における樹冠の空間占有モデルとして提示した．

その方法は省略するが，図III-19に示すように樹冠の空間占有

モデルに胸高直径と樹冠基部高および樹冠基底断面積との平均的な関係を持ち込めば、胸高直径分布モデルが算出できる．岐阜県今須のスギ・ヒノキ択伐林について，最大木の大きさ，いいかえると最高の樹冠基部高が15〜20メートルと異なる場合について，胸高直径分布モデルを算出すると表III-1のようになった．いずれの胸高直径分布も逆J字型を示しており，算出した胸高直径分布モデル，さかのぼれば樹冠の空間占有モデルがヨーロッパ方式の択伐林における樹冠の空間占有状態を良く表現していると判断された．なお，スギとヒノキでは樹冠の大きさに差がなかったので，両樹種の混交割合には関係なく樹冠の空間占有モデルや胸高直径分布モデルを与えた．また，後継樹を植栽している場合には小径木の枯損はあまり考えなくてもよく，小径木の本数は直径の大きさには関係なくほぼ同数であっても択伐林の存続に支障はないようであるので，その立木本数を修正本数として付記しておいた．

今須択伐林における胸高直径分布モデルと胸高直径と各種の樹冠量との平均的な関係に基づいて森林の樹冠量を試算すると，最高の樹冠基部高の違いによる変化はきわめて少なくて，1ヘクタール当たりの樹冠体積合計は陽樹冠で3万2000立方メートル前後，全樹冠で3万4000立方メートル前後，樹冠表面積合計は陽樹冠で3万3000平方メートル前後，全樹冠で4万平方メートル前後となった．

この択伐林の樹冠の空間占有モデルにおける樹冠量を，先に述べた樹冠が閉鎖して陰樹冠の量が安定する林齢20年以降での皆伐林の樹冠量と比べると，樹冠基底断面積合計，陽樹冠の体積合

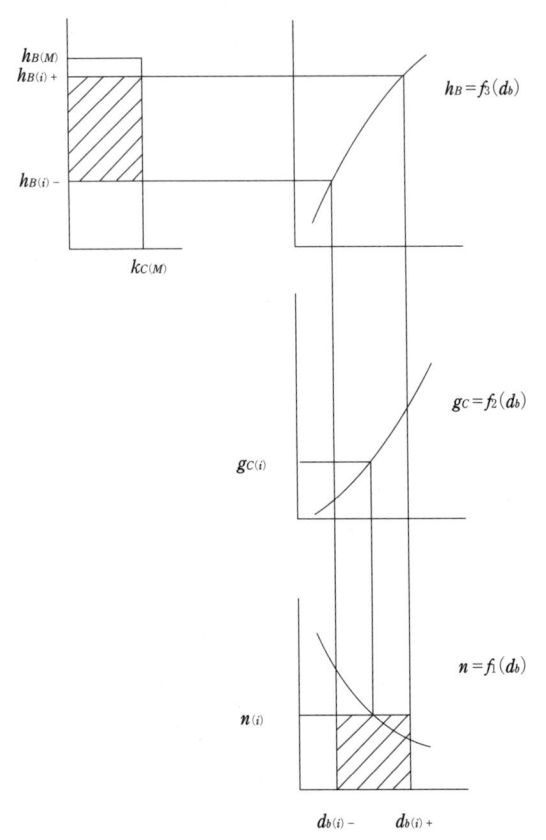

**図III-19●**ヨーロッパ方式の択伐林における樹冠の空間占有モデルと胸高直径階別本数との関係

$d_b$：胸高直径　$n$：本数　$g_C$：樹冠基底断面積　$h_B$：樹冠基部高
$k_{C(M)}$：モデルにおける地上高1m当たりの樹冠基底断面積合計
$h_{B(M)}$：モデルにおける最高の樹冠基部高
$(i)$: ある直径階　＋：上限　－：下限
$n_{(i)} = \{k_{C(M)}\,(h_{B(i)+} - h_{B(i)-})\} \div (g_{C(i)})$

**表Ⅲ-1** ●岐阜県今須のスギ・ヒノキ択伐林の胸高直径分布モデル

(単位 本/ha)

| 胸高直径 (cm) | 最高の樹冠基部高(m) | | | | | |
|---|---|---|---|---|---|---|
| | 15 | 16 | 17 | 18 | 19 | 20 |
| 2 | 589(250) | 552(250) | 520(250) | 491(250) | 465(250) | 442(250) |
| 4 | 409(250) | 383(250) | 361(250) | 341(250) | 323(250) | 307(250) |
| 6 | 293(250) | 274(250) | 268(250) | 244 | 231 | 219 |
| 8 | 217 | 203 | 191 | 181 | 171 | 163 |
| 10 | 166 | 155 | 146 | 138 | 131 | 124 |
| 12 | 130 | 122 | 115 | 108 | 103 | 97 |
| 14 | 104 | 97 | 92 | 87 | 82 | 78 |
| 16 | 84 | 79 | 75 | 70 | 67 | 63 |
| 18 | 70 | 65 | 61 | 58 | 55 | 52 |
| 20 | 58 | 55 | 51 | 48 | 46 | 44 |
| 22 | 49 | 46 | 43 | 41 | 39 | 37 |
| 24 | 42 | 39 | 37 | 35 | 33 | 31 |
| 26 | 36 | 33 | 31 | 30 | 28 | 27 |
| 28 | 31 | 29 | 27 | 26 | 24 | 23 |
| 30 | 27 | 25 | 24 | 22 | 21 | 20 |
| 32 | 23 | 22 | 20 | 19 | 18 | 17 |
| 34 | 20 | 19 | 18 | 17 | 16 | 15 |
| 36 | 18 | 17 | 16 | 15 | 14 | 13 |
| 38 | 16 | 15 | 14 | 13 | 12 | 12 |
| 40 | 14 | 13 | 12 | 12 | 11 | 10 |
| 42 | 12 | 12 | 11 | 10 | 10 | 9 |
| 44 | | 10 | 10 | 9 | 9 | 8 |
| 46 | | 9 | 9 | 8 | 8 | 7 |
| 48 | | 8 | 8 | 7 | 7 | 7 |
| 50 | | | 7 | 7 | 6 | 6 |
| 52 | | | 6 | 6 | 6 | 5 |
| 54 | | | 6 | 5 | 5 | 5 |
| 56 | | | | 5 | 5 | 4 |
| 58 | | | | 4 | 4 | 4 |
| 60 | | | | 4 | 4 | 4 |
| 62 | | | | 4 | 3 | 3 |
| 64 | | | | | 3 | 3 |
| 66 | | | | | 3 | 3 |
| 68 | | | | | 3 | 2 |
| 70 | | | | | 2 | 2 |
| 72 | | | | | 2 | 2 |
| 74 | | | | | | 2 |
| 76 | | | | | | 2 |
| 78 | | | | | | 1 |
| 80 | | | | | | 1 |
| 82 | | | | | | 1 |
| 84 | | | | | | 1 |
| 86 | | | | | | 1 |
| 合 計 | 2,408 (1,867) | 2,282 (1,823) | 2,179 (1,780) | 2,065 (1,733) | 1,970 (1,682) | 1,877 (1,628) |

立木本数はスギとヒノキを込みにした値である．

括弧内の数値は，現実にはこれでよいことを示す修正本数である．

G-5（1975年）　　　　　　　G-6（1988年）

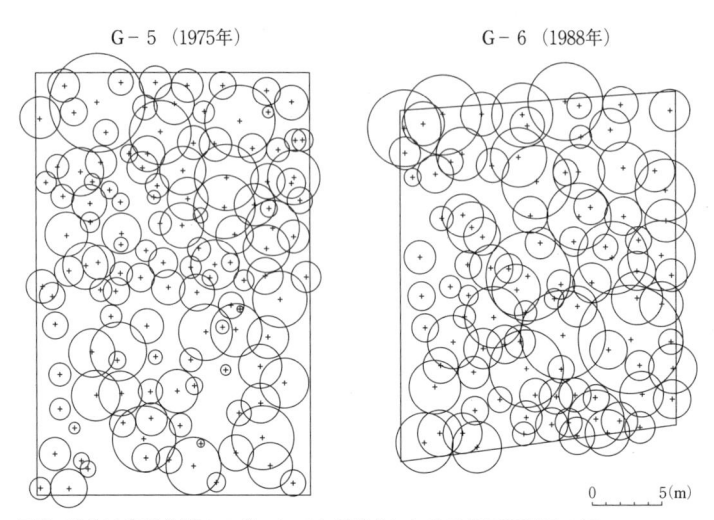

0　　5(m)

**図III-20**●岐阜県今須のスギ・ヒノキ択伐林における樹冠配置図の例

計と表面積合計はいずれも皆伐林よりも択伐林の方が多いが，陰樹冠の体積合計と表面積合計は逆に皆伐林よりも択伐林の方が少ない．択伐林では樹冠基底断面積合計が林地面積を超えているのが普通で，樹冠の空間占有モデルでも1ヘクタール当たり1万2000平方メートルとなっている．しかし，図III-20のように大小の樹冠が上下に重複しているために，樹冠で覆われていない露出した林地も存在する．林地の露出面積率が15％以上のスギ・ヒノキの択伐林では後継樹の生育が確保されていたことからすると，これが樹冠の空間占有モデルでの林地の露出面積率とみられる．

ところが，岐阜県今須の固定試験地やその他のスギ・ヒノキ択伐林での最近の調査結果によると，林地の露出面積率が10％以

G-5

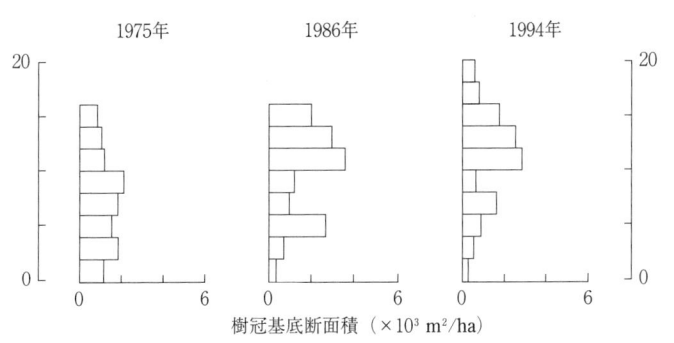

**図Ⅲ-21**●岐阜県今須のスギ・ヒノキ択伐林のG-5固定試験地における樹冠基底断面積合計の垂直的配分の経年変化

下で，林内の日射量不足から後継樹の枯損が見られ，胸高直径分布ではモデルよりも小径木が異常に少ない反面大径木は多くて，樹冠量の垂直的配分は一様ではなく，上層に多くて下層に少なく偏っているものが多かった．そして，平均して1ヘクタール当たりの樹冠基底断面積合計は1万4000平方メートル，樹冠体積合計は陽樹冠で4万2000立方メートル，全樹冠で5万3000立方メートル，樹冠表面積合計は陽樹冠で4万7000平方メートル，全樹冠で5万8000平方メートルと，いずれも上記の樹冠の空間占有モデルにおける値よりも多くなっていた．

今須択伐林のG-5固定試験地では1975年から調査が行われているが，当初には胸高直径分布は逆J字型（図Ⅲ-9の地上高1.2メートルの幹直径分布を参照）で，樹冠基底断面積合計の垂直的配分も図Ⅲ-21のようにほぼ一様であったものが，木材不況の深刻

化によって上層木の伐採が皆無になり，それに伴う下層での陽光量不足により樹高5メートル以下の後継樹の多くが枯死したことにより，樹冠基底断面積合計の垂直的配分は上層では多くなる一方で，下層では少ない状態へと経年変化している．この例は，最近の択伐林における樹冠の空間占有状態の変化を端的に物語っている．

　現状のままで放置すると，林内の日射量不足から後継樹が育たなくなって，やがて択伐林が存続できなくなる状況にあるスギ・ヒノキ択伐林が多いことと，この状況を打開してヨーロッパ方式の択伐林に近づけるには上層木の抜き伐りが不可欠であることとを指摘しておきたい．

第Ⅳ章 | Chapter IV

# 樹冠と幹の成長との関係

　樹冠の基底断面積，体積，表面積といった諸量は，葉重量とか葉面積のように葉量そのものを表すわけではない．幹の成長と最も密接な関係があり，それを支配する樹冠量は何であるか．さらには，幹の成長量にも直径，断面積，材積といったものがあるが，樹冠量とこれらの各成長量との関連はどうなっているのか．これらのことを突き止めることなく，適当に樹冠の量と幹の成長量とを対応させていることが多かった．樹冠の的確な測定方法がなかったこととともに，これが樹冠と幹の成長との関係についてすっきりした成果が得られなかった原因である．

　そこで，本章ではまずこれらの点を明らかにする．その結果をふまえて，樹冠と幹の形，幹材積および幹材の形質との関係について述べる．

## 1 | 幹の成長を支配する樹冠量

　樹冠が大きくなると内部では日射量が不足して落葉部を生じるので，樹冠に着生している葉量の指標としては落葉部を除いた着

葉部体積がふさわしい．しかし，着葉部の厚さは外見的に判断できないので，立木では測定できない．立木で測定可能な樹冠の大きさとして，投影面積または基底断面積，体積および表面積の三つがあるが，樹冠が立体であることからすると，樹冠の水平方向への広がりしか示さない投影面積や基底断面積は，葉量や着葉部体積の指標としては体積や表面積よりも劣る．そして，着葉しているのは樹冠の表面近くだけであるから体積よりも表面積の方が葉量の指標としてより有効であり，しかも陰樹冠は幹の成長には関与していないとの考えから，陽樹冠の表面積を幹材積成長量の指標として用いることが過去に提唱されている．しかし，これの正当性はまだ実験的に確認されてはいない．

そこで，皆伐林と択伐林において多数のスギとヒノキを伐倒し，樹冠内部の着葉状態および陰陽区分を伴う樹冠位置に対応しての幹の断面積と直径の成長量の垂直的変化を調べた．その結果を例示したのが図 IV-1 である．この調査結果から，皆伐林と択伐林の立木に共通して，次の二つのことが認められた．

一つは，樹冠内部の着葉部の厚さには樹種的に決まった限界があり，着葉部体積の樹冠体積に対する割合は樹冠が大きくなるにつれて減少するが，着葉部体積の樹冠表面積に対する比は樹冠の大小に関係なくほぼ一定しているということである．これは，着葉部体積ひいては葉量の指標として体積よりも表面積が適していることを示すものである．

もう一つは，樹冠が樹高の割に異常に長いとか短いという立木は別として，普通の林内木での幹断面積成長量は梢端から陽樹冠基部位置までは増加するが，陰樹冠内に入ると一定で推移するよ

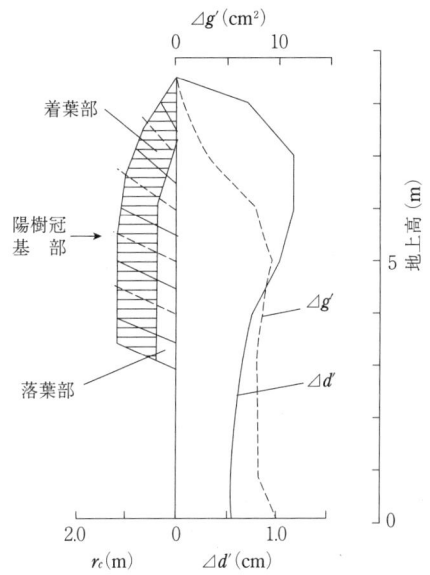

**図IV-1** ●樹冠位置と幹の肥大成長の垂直的変化との対応関係
$r_c$：樹冠半径　$\Delta g'$：幹断面積成長量　$\Delta d'$：幹直径成長量

うになるという垂直的変化のパターンを示すことである．幹断面積成長量の垂直的変化を示す線と座標軸で囲まれた図形の面積が幹材積成長量となるので，樹冠での光合成物質が下方に流れて幹の断面積ひいては材積の成長量をもたらすとすると，この結果は幹材積成長量に寄与しているのは陽樹冠だけで，陰樹冠では光合成量と呼吸量とが釣り合っていて，幹材積成長量とは無関係な状態にあることを示すものと受け取れる．

これら二つの結果は，幹材積成長量の指標として陽樹冠表面積が適していることを実験的に裏付けている．なお，林木の育成過

程において枝打ちによって樹冠下部の枝を除去する作業が行われることがあるが, 枝打ちは陰樹冠を対象にするのが普通である. 図IV-1からすると, 陰樹冠部の枝を枝打ちしても幹材積成長量が損なわれないことになるが, これは過去の調査結果でも認められていることである.

ところで, 幹材積成長量は陽樹冠表面積だけで決まるわけではなく, 単位陽樹冠表面積当たりの幹材積成長量も関係する. すなわち, (幹材積成長量)＝(陽樹冠表面積)×(単位陽樹冠表面積当たりの幹材積成長量) ということで, 陽樹冠表面積と単位陽樹冠表面積当たりの幹材積成長量が小さいほど, 幹材積成長量は小さくなる. このようにして定まる幹材積成長量が, 図IV-1のようなパターンにしたがって垂直的に配分されて各地上高の幹断面積成長量が, さらにこれが各地上高での幹の周囲の大きさに応じて配分されて幹直径成長量, ひいては幹直径成長量の垂直的変化が定まると考えられる. 幹の直径したがって周囲の大きさは地上高が低くなるにつれて大きくなる関係で, 幹直径成長量は梢端から下がるにつれて増加していたものが陽樹冠基部あたりで最大となり, 陰樹冠に入ると次第に減少するという垂直的変化のパターンを示すことになる. そして, 単位陽樹冠表面積当たりの幹材積成長量に違いが無ければ, 陽樹冠表面積の小さい方が幹材積成長量は小さくなり, それとともに幹の断面積と直径の成長量も全体的に小さくなる. また, 幹材積成長量は同じであっても, 樹高や幹の直径が大きい立木の方が, 幹の断面積や直径の成長量は全体的に小さくなると考えられる.

このような考え方で, 幹直径成長量の垂直的変化を積み重ねる

第Ⅳ章 樹冠と幹の成長との関係

```
┌──────────┐           ┌──────────────────┐
│ 陽樹冠表面積 │           │ 単位陽樹冠表面積当たりの │
│          │           │    幹材積成長量    │
└────┬─────┘           └────────┬─────────┘
     │                          │
     └──────────┬───────────────┘
                ▼
         ┌──────────┐
         │ 幹材積成長量 │
         └─────┬────┘
               │         ┌──────┐
               ◄─────────│ 樹 高 │
               │         └──────┘
               ▼
         ┌──────────┐
         │幹断面積成長量│
         └─────┬────┘
               │         ┌──────┐
               ◄─────────│ 幹直径 │
               │         └──────┘
               ▼
         ┌──────────┐
         │ 幹直径成長量 │
         └──────────┘
```

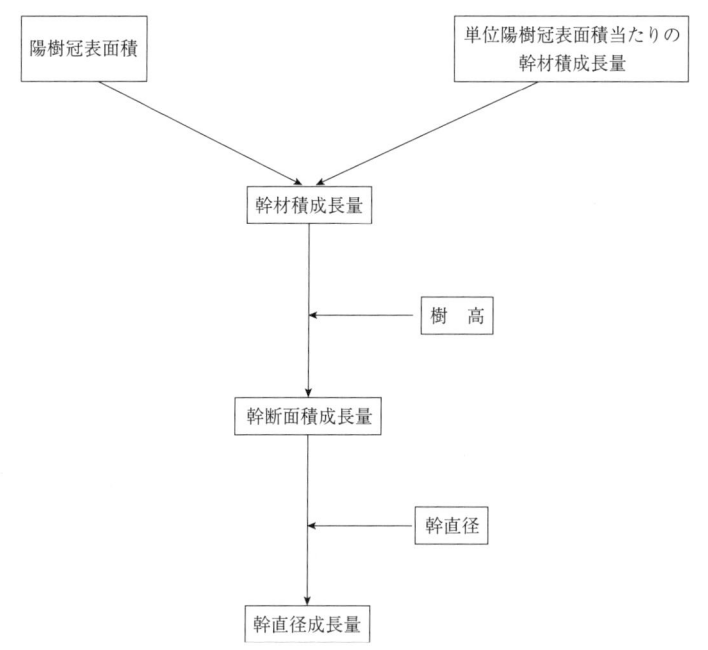

**図Ⅳ-2** ● 陽樹冠表面積と幹の成長量との関係

ことによって大分県玖珠のスギ皆伐林の平均木における幹曲線の経年変化を推定し，それを現実の幹曲線の経年変化と対比したのが図Ⅳ-3である．推定した幹曲線は幹の下部で若干過小，中央部で若干過大の直径を与える傾向にあるが，現実の幹曲線の経年変化がかなり良く再現されている．この結果は，ここに提示した陽樹冠表面積と幹の成長との関係に対する考え方が妥当であることと同時に，このような考え方によって幹曲線の経年変化が推定できることを示すものである．大分県玖珠のスギ皆伐林で密度管理状態を変え，陽樹冠表面積が異なった場合における幹曲線の経

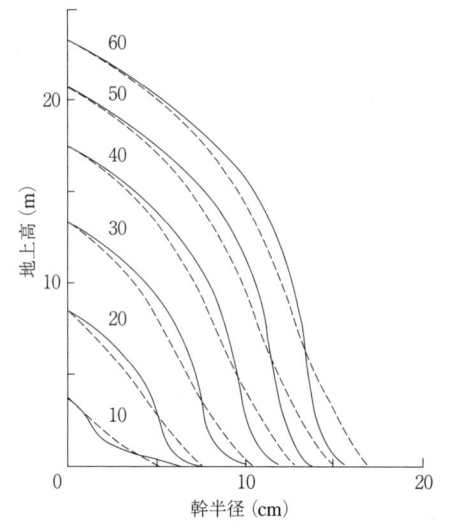

**図IV-3** ●大分県玖珠のスギ皆伐林における平均木の幹曲線を樹冠との関連で推定した結果と現状
実線：樹冠との関連で推定した結果　破線：現状
図中の数字は林齢を示す

年変化を推定した結果については後に述べる．

## 2 幹の形と幹材積

### (1) 幹の形

幹の縦断面形すなわち形は，樹高の 1/10 の相対高における基準直径と樹高をそれぞれ 1 と置くとによって得られる相対幹曲線

で表すのが最も合理的で,こうすることによって幹の形の異同が端的に表現・判断できるし,大きさの異なる幹の幹曲線が集約して表現できる.そして,樹高の 1/10, 3/10, 5/10, 7/10, 9/10 という各相対高での幹直径の樹高の 1/10 の相対高における幹直径すなわち基準直径に対する比として求めた相対直径列 $\eta_{0.1h}$, $\eta_{0.3h}$, $\eta_{0.5h}$, $\eta_{0.7h}$, $\eta_{0.9h}$ が,相対幹曲線の表現に用いられていることを先に述べた.

相対幹曲線の膨らみ具合の変化を実験的に解析・検討した結果,次のことが分かった.

幹直径成長量の垂直的変化が図 IV-1 のようなパターンを示す場合における相対幹曲線の膨らみ具合の変化は,基準直径の成長量に比べて幹直径成長量があまり違わない樹冠より下ではほとんど起こらないが,基準直径の成長量に比べて直径成長量が大きい陽樹冠基部あたりを中心に膨らみが増加するという状態で起こる.したがって,相対幹曲線の膨らみ具合の変化で注目すべきは,樹高に対する陽樹冠基部高の割合である陽樹冠基部高率の変化ということになる.

皆伐林の立木における相対幹曲線の経年変化を相対直径列について示すと,図 IV-4 のようになる.すなわち,陽樹冠基部高率が小さくて幹のほとんどが陽樹冠中にある生育段階の初期には,どの相対直径も大きくなって全体的に相対幹曲線の膨らみが増す.しかし,樹冠の下部が枯れあがって陽樹冠基部高率が大きくなるにつれて,相対高が低い位置の相対直径から順にその位置が陽樹冠の下へと移り,これに伴って相対直径の増加が停滞するために,相対幹曲線の膨らみの増加は幹の下部では見られなくな

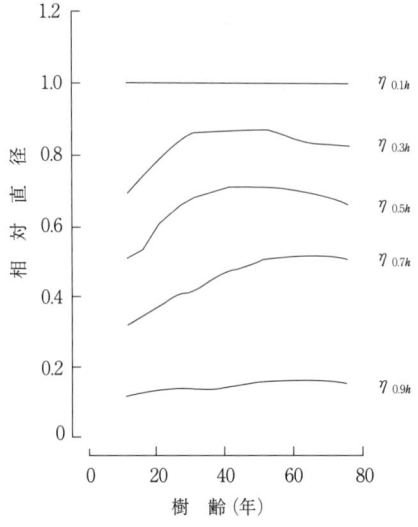

**図Ⅳ-4** ● 皆伐林のヒノキにおける相対直径列の経年変化

り，膨らみが増す部分は幹の上部へと移るとともに，その膨らみの増加量も少なくなる．そして，陽樹冠基部高率の変化がほとんど無くなるさらに進んだ生育段階では，多くの相対直径が陽樹冠のより下に位置するようになって増加が停滞し，相対幹曲線の膨らみ具合は一定化する．なお，樹齢が50年を超えると幹の下部における相対直径の値が若干減少に転じているのは，次のような理由によるものである．地際近くでは幹直径の成長量が大きくなって，幹直径が異常に大きくなるといういわゆる根張りを示すが，立木が大きくなると根張りの影響が基準直径に及んで，基準直径の成長量の割に樹高の3/10や5/10の相対高における幹直径の成長量が小さくなったために生じたことである．

択伐林の立木で相対直径列の経年変化を調べた結果によると，樹高の低い生育段階の初期では皆伐林におけるような幹全体にわたる幹曲線の膨らみの増加は見られず，膨らみはあまり変化しない状態であったが，その後は基本的に皆伐林の場合と同じような膨らみの経年変化を示した．樹高の低い生育段階で幹曲線に膨らみの増加が見られなかったのには，次のような事情がある．樹高の低い段階では，先に述べたように陽樹冠表面積は皆伐林と択伐林であまり違わないが，後に述べるように単位陽樹冠表面積当たりの幹材積成長量は皆伐林よりも択伐林の方が小さい．このために，幹材積成長量は皆伐林よりも択伐林の方が小さくなり，それに関連して幹直径成長量の陽樹冠基部高あたりでの増加があまり顕著でなくなり，このような結果になったわけである．

　相対幹曲線の膨らみ具合の経年変化を決めるのは過去における陽樹冠基部高率の推移で，これが全体的に大きかったほど相対幹曲線の膨らみを増す部分が幹の上部にまで及んで相対幹曲線の膨らみが全体的に大きくなる．このため，皆伐林では高い密度管理をするほど相対幹曲線の膨らみが大きくなる．また，これも過去における陽樹冠基部高率の違いに起因したものと見られるが，実験的な検討結果によると，皆伐林と択伐林といった林型，樹種などによっても相対幹曲線の膨らみ具合は異なる．


## （2）　幹材積の大小

　幹材積には，立木の皮も含めた全幹の材積である立木材積と，その中の利用できる部分の材積である利用材積の2種類がある．

立木材積は森林の資源管理や経営において，利用材積は立木の売買において，欠かすことのできない基礎的な量である．

立木材積は幹曲線の回転体体積として求められる．利用材積は幹から採材される各丸太の材積合計で，各丸太の材積は日本農林規格によって無皮の末口直径（丸太の梢よりの直径）の自乗に丸太の長さを掛けるという方法（末口自乗法）で求めることになっている．したがって，幹曲線が与える有皮直径から樹皮厚を差し引いた無皮の幹曲線を基に利用材積は算出できる．すなわち，立木材積にしろ利用材積にしろ，それを求める基になるのは幹曲線ということである．

過去における陽樹冠基部高率が平均して大きかった立木ほど，相対幹曲線の膨らみ具合は大きくなることを先に述べた．陽樹冠基部高率が大きくなると陽樹冠表面積は小さくなるという関係にあるので，陽樹冠表面積が平均して小さかった立木ほど相対幹曲線ひいては幹曲線の膨らみ具合は大きいということになる．そして，陽樹冠表面積の大小によって樹高の成長が影響を受けることはまず無いが，先に述べたように過去における陽樹冠表面積が平均して小さかった立木ほど幹直径は小さくなる．すなわち，陽樹冠表面積が小さかった立木ほど幹曲線の膨らみ具合は大きくなるが，胸高直径は逆に小さくなるということである．したがって，樹高が同じ立木で陽樹冠表面積が小さかった場合の幹材積の増減は，幹曲線の膨らみの増加に伴う幹材積の増加分と，胸高直径の減少に伴う幹材積の減少分との大小関係によって決まり，前者が後者よりも小さければ減少，その逆であれば増加することになる．

第Ⅳ章　樹冠と幹の成長との関係

```
          ┌──────────────┐
          │ 陽樹冠表面積→小 │
          └──────────────┘
         ↙      ↓       ↘
┌──────────┐ ┌──────┐ ┌────────────────┐
│胸高直径→小│ │ 樹 高 │ │幹曲線の膨らみ具合→大│
└──────────┘ └──────┘ └────────────────┘
         ↘      ↓       ↙
          ┌──────────┐
          │ 幹材積→小 │
          └──────────┘
```

┌──────────────────┐　　┌──────────────────────┐
│胸高直径の減少に伴う│＞│幹曲線の膨らみ具合が大きくなる│
│　幹材積の減少分　│　　│ことに伴う幹材積の増加分　│
└──────────────────┘　　└──────────────────────┘

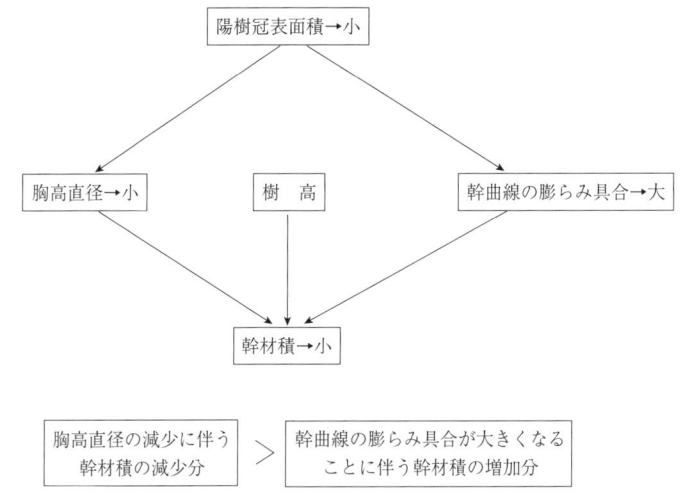

**図Ⅳ-5** ●陽樹冠表面積による幹材積の変化

　後に述べる相対幹曲線に基づく方法で立木材積表を作成した奈良県吉野と大分県玖珠の皆伐林のスギについてみると，相対幹曲線の膨らみの増加よりも胸高直径の減少の方が幹材積への影響が大きくて，全体的に陽樹冠表面積の小さい奈良県吉野の方が大分県玖珠よりも胸高直径だけでなく幹材積も小さくなった．すなわち，陽樹冠表面積が小さいと幹曲線の膨らみ具合は増すが，胸高直径と幹材積はともに小さくなるということである．

　このように，過去における陽樹冠表面積の大きさの違いが幹曲線の膨らみ具合，胸高直径および幹材積に差異を生じる．そして，単位陽樹冠表面積当たりの幹材積成長量とともに陽樹冠表面積の経年変化が与えられれば，これを基に立木の幹曲線，胸高直径および幹材積の経年変化が予測できることになる．大分県玖珠

のスギ皆伐林で密度管理状態を変えた場合について、このような方法で立木の幹曲線、胸高直径および幹材積の経年変化を予測した結果については後に述べる.

## (3) 幹材積の推定

立木材積と利用材積は胸高直径, 樹高および幹曲線の膨らみ具合とともに大きくなる. 胸高直径や樹高は立木で直接測定できても, 幹曲線の膨らみ具合は簡単には測定できない. そこで, 現実の幹材積推定では, 幹曲線の膨らみ具合の違いが想定される生育地域, 樹種, 密度管理状態, 林型が異なる林木の集団ごとに作成した表IV-1のような「立木材積表」や, 各地上高での無皮直径を与えた表IV-2のような「細り表」が用いられている. これらの表では, 胸高直径と樹高の各組み合わせについて, 幹曲線の膨らみ具合に応じた立木材積や各地上高での無皮直径の値が与えられており, 胸高直径と樹高を知ることによって立木材積や利用材積の推定に必要な各地上高での無皮直径の値がきちんと得られるようになっている. なお, ここに例示した岐阜県今須のスギ・ヒノキ択伐林では, 胸高直径と樹高が同じスギとヒノキの幹曲線には違いが認められなかったので, 立木材積は両樹種に共通の値となっている. しかし, 幹曲線は同じであっても, スギとヒノキでは樹皮厚が異なるので, 細り表はスギだけを対象としたものになっている.

立木材積表や細り表による幹材積合計の推定の手順は, 次のようになる.

表IV-1 ●岐阜県今須のスギ・ヒノキ択伐林の立木材積表（一部を抜粋）

(単位: m³)

| $d_b$ \ $h$ | 6 | 8 | 10 | 12 | 14 | 16 | 18 | 20 | 22 | 24 | 26 | 28 | 30 | 32 |
|---|---|---|---|---|---|---|---|---|---|---|---|---|---|---|
| 3 | 0.0077 | | | | | | | | | | | | | |
| 4 | 0.0079 | 0.0141 | | | | | | | | | | | | |
| 5 | 0.0088 | 0.0157 | 0.0245 | | | | | | | | | | | |
| 6 | 0.0100 | 0.0177 | 0.0277 | 0.0353 | | | | | | | | | | |
| 7 | 0.0113 | 0.0200 | 0.0313 | 0.0399 | 0.0543 | | | | | | | | | |
| 8 | 0.0126 | 0.0224 | 0.0351 | 0.0451 | 0.0614 | 0.0802 | | | | | | | | |
| 9 | | 0.0249 | 0.0389 | 0.0505 | 0.0687 | 0.0898 | 0.1015 | | | | | | | |
| 10 | | 0.0274 | 0.0428 | 0.0560 | 0.0763 | 0.0996 | 0.1136 | 0.1403 | | | | | | |
| 11 | | | 0.0466 | 0.0616 | 0.0838 | 0.1095 | 0.1261 | 0.1556 | 0.1883 | | | | | |
| 12 | | | 0.0504 | 0.0672 | 0.0914 | 0.1194 | 0.1386 | 0.1711 | 0.2070 | 0.2241 | | | | |
| 13 | | | | 0.0726 | 0.0989 | 0.1291 | 0.1511 | 0.1866 | 0.2258 | 0.2464 | | | | |
| 14 | | | | 0.0781 | 0.1063 | 0.1389 | 0.1634 | 0.2018 | 0.2442 | 0.2687 | 0.2892 | | | |
| 15 | | | | 0.0835 | 0.1137 | 0.1485 | 0.1758 | 0.2170 | 0.2626 | 0.2906 | 0.3153 | | | |
| 16 | | | | | 0.1209 | 0.1578 | 0.1879 | 0.2320 | 0.2808 | 0.3125 | 0.3410 | | | |
| 17 | | | | | | 0.1673 | 0.1998 | 0.2466 | 0.2984 | 0.3341 | 0.3667 | 0.3657 | | |
| 18 | | | | | | 0.1766 | 0.2118 | 0.2615 | 0.3164 | 0.3552 | 0.3921 | 0.3955 | | |
| 19 | | | | | | | 0.2235 | 0.2760 | 0.3339 | 0.3765 | 0.4168 | 0.4253 | | |
| 20 | | | | | | | 0.2352 | 0.2903 | 0.3513 | 0.3974 | 0.4419 | 0.4548 | 0.4198 | |
| 21 | | | | | | | | 0.3045 | 0.3684 | 0.4181 | 0.4664 | 0.4834 | 0.4540 | |
| 22 | | | | | | | | | 0.3854 | 0.4385 | 0.4907 | 0.5125 | 0.4882 | 0.5166 |
| 23 | | | | | | | | | 0.4022 | 0.4586 | 0.5146 | 0.5409 | 0.5221 | 0.5555 |
| 24 | | | | | | | | | | 0.4786 | 0.5383 | 0.5690 | 0.5549 | 0.5940 |
| 25 | | | | | | | | | | 0.4987 | 0.5617 | 0.5968 | 0.5883 | 0.6314 |
| 26 | | | | | | | | | | | 0.5852 | 0.6243 | 0.6210 | 0.6693 |
| 27 | | | | | | | | | | | 0.6084 | 0.6515 | 0.6532 | 0.7065 |
| 28 | | | | | | | | | | | | 0.6787 | 0.6851 | 0.7432 |
| 29 | | | | | | | | | | | | 0.7056 | 0.7166 | 0.7795 |
| 30 | | | | | | | | | | | | 0.7326 | 0.7478 | 0.8154 |
| 31 | | | | | | | | | | | | | 0.7791 | 0.8509 |
| 32 | | | | | | | | | | | | | 0.8100 | 0.8865 |
| 33 | | | | | | | | | | | | | 0.8410 | 0.9216 |
| | | | | | | | | | | | | | 0.8715 | 0.9569 |
| | | | | | | | | | | | | | | 0.9916 |
| | | | | | | | | | | | | | | 1.0258 |
| | | | | | | | | | | | | | | 1.0606 |

$d_b$：胸高直径 (cm)　$h$：樹高 (m)
立木材積はスギとヒノキに共通の値である。

**表IV-2** ●岐阜県今須の択伐林のスギ細り表
(胸高直径 20 センチメートルの部分を抜粋)

胸高直径＝20cm　　　　　　　　　　　　　　　　　　　　　　　　(単位　cm)

| 樹高 (m) | 地上高 (m) | | | | | | | | | | | | | | | | | |
|---|---|---|---|---|---|---|---|---|---|---|---|---|---|---|---|---|---|---|
| | 1 | 2 | 3 | 4 | 5 | 6 | 7 | 8 | 9 | 10 | 11 | 12 | 13 | 14 | 15 | 16 | 17 | 18 |
| 8 | 18 | 16 | 14 | 14 | 11 | 8 | 4 | | | | | | | | | | | |
| 9 | 18 | 16 | 16 | 14 | 13 | 10 | 8 | 4 | | | | | | | | | | |
| 10 | 18 | 16 | 16 | 14 | 14 | 12 | 10 | 7 | 4 | | | | | | | | | |
| 11 | 18 | 18 | 16 | 14 | 14 | 13 | 11 | 9 | 7 | 3 | | | | | | | | |
| 12 | 18 | 18 | 16 | 16 | 14 | 14 | 12 | 11 | 9 | 6 | 3 | | | | | | | |
| 13 | 18 | 18 | 16 | 16 | 14 | 14 | 13 | 12 | 10 | 8 | 6 | 3 | | | | | | |
| 14 | 18 | 18 | 16 | 16 | 14 | 14 | 14 | 13 | 11 | 10 | 8 | 5 | 3 | | | | | |
| 15 | 18 | 18 | 16 | 16 | 14 | 14 | 14 | 13 | 12 | 11 | 9 | 7 | 5 | 3 | | | | |
| 16 | 18 | 18 | 16 | 16 | 16 | 14 | 14 | 14 | 13 | 12 | 10 | 9 | 7 | 5 | 2 | | | |
| 17 | 18 | 18 | 16 | 16 | 16 | 14 | 14 | 14 | 13 | 12 | 11 | 10 | 8 | 7 | 5 | 2 | | |
| 18 | 18 | 18 | 16 | 16 | 16 | 14 | 14 | 14 | 14 | 13 | 12 | 11 | 10 | 8 | 6 | 4 | 2 | |
| 19 | 18 | 18 | 16 | 16 | 16 | 14 | 14 | 14 | 14 | 13 | 12 | 12 | 11 | 9 | 8 | 6 | 4 | 2 |

日本農林規格では，丸太の末口直径の測定単位を，14センチメートル未満の場合には1センチメートル，14センチメートル以上の場合には2センチメートルとし，単位に満たない端数は切り捨てることになっているので，直径の値はこれに対応した表示になっている．表中の縦線は，この地上高以下における直径が枝下に位置していることを示す．

　まず，調査対象地域内の全立木の胸高直径を輪尺で一本一本測定（毎木調査）し，胸高直径階別の立木本数を求める．そして，各胸高直径階にわたる適当な数の標本木について，輪尺と測高器で胸高直径と樹高を測定し，それを基に胸高直径と樹高の平均的な関係を示す樹高曲線を描き，それより各胸高直径階の立木の平均樹高を求める．

　各胸高直径階の立木の胸高直径と平均樹高の値に基づいて，そ

の大きさの立木の立木材積を立木材積表より求め，それを各胸高直径階の立木の本数倍して各胸高直径階における幹材積合計を計算し，これを全ての胸高直径階にわたって集計して立木の幹材積合計とする．

また，利用材積合計は，各胸高直径階の立木の胸高直径と平均樹高の値に応じて，その立木から採る予定の各丸太の長さを定め，細り表から各丸太の末口の無皮直径を求める．これを各胸高直径階の立木の本数分だけ掛け合わせ，それを全ての胸高直径階にわたって集計して丸太の長さ別・末口径別本数を求める．この結果に基づいて，末口自乗法で各丸太の材積を計算し，それを丸太の本数倍したものを集計して丸太の長さ別，末口径別の丸太材積を，さらにそれを総計して利用材積合計とする．根元近くの丸太である元玉（一番玉）は大きいばかりでなく材の形質も良いために単価が高くて重宝されるが，細り表による方法ではこのような丸太の採材位置に関する情報も得られる．

利用材積では立木材積から樹皮と梢端よりの利用できない部分が除かれることになるので，利用材積は立木材積よりも少なくなるのが普通である．立木材積に対する利用材積の割合を利用率と呼び，立木の幹材積合計に経験的に得ている利用率を掛けて利用材積合計を推定するという方法も行われている．しかし，この方法では丸太の長さ別・径別の内訳は一切不明で，細り表によるほど詳しい情報は得られない．なお，密度管理状態，林型，樹種などによる多少の違いはあるが，幹を5等分した場合における各部分の幹材積の全幹材積に占める割合は，根元よりの部分から順にほぼ4：3：2：1：0となる．これは，1本の立木を長さが同じ5

本の丸太に区分した場合における根元よりの1番目の丸太が全材積の4割を,幹の下半分が全材積の8割を占めることを示している.

立木材積については,立木材積表のほかに形数を利用して求める方法(形数法)もある.形数というのは特定の位置の幹断面積と樹高の積として与えられる円柱体積に対する立木材積の比である.形数を与えた「形数表」が用意されておれば,特定の位置の幹断面積と樹高を測定することによって,幹断面積,樹高および形数の三者の積として立木材積が求められる.

ところで,幹材積の推定に関連して指摘しておきたいことが二つある.

一つは,立木材積表,細り表および形数表の作成方法に関することである.

これまでは,幹曲線の膨らみ具合の違いが想定される林木の集団ごとに,それぞれの表は別途の方法で作成されてきた.すなわち,胸高直径を$d_b$,樹高を$h$とすると,立木材積を材積式$v=a(d_b)^b h^c$の回帰式で与え,幹の大きさによる幹曲線の膨らみ具合の違いに対しては回帰式のパラメータ$a, b, c$を変えるという方法で対応して,立木材積表を作成してきた.細り表の作成では幹曲線が不可欠であるが,それの推定には胸高直径を基準にした非正常相対幹曲線(図III-10を参照)を使用することが多かった.形数表の作成でも,胸高断面積を基準とした胸高形数のみを対象に,適当な数式を適用して,そのパラメータを帰納的に定めるという方法を用いることが多かった.その結果,立木材積表はかなり整備されたものの細り表はきわめて少なくて,利用材積の

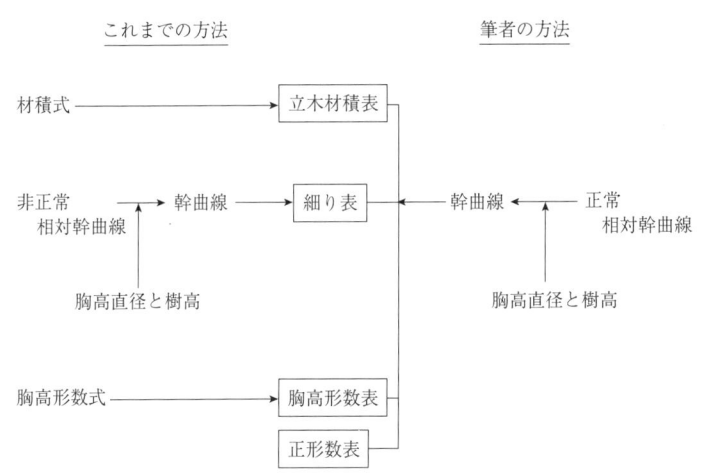

```
これまでの方法                                      筆者の方法

材積式 ─────────────→ ┌立木材積表┐

非正常          ┌─幹曲線─→│ 細り表 │←─幹曲線─┐   正常
相対幹曲線 ─────┘          └────────┘          └── 相対幹曲線
         ↑                                        ↑
    胸高直径と樹高                            胸高直径と樹高

胸高形数式 ───────────→ ┌胸高形数表┐
                        │ 正形数表 │
                        └────────┘
```

**図Ⅳ-6 ●立木材積表，細り表および形数表の作成方法**

推定はままならないという不便な状況にあり，しかも立木材積表といえども幹曲線の膨らみ具合の異なる全ての材木集団について作成されているわけではない．

この現状をふまえて，幹曲線の合理的な表現方法であり，大きさの異なる幹の幹曲線を集約して表現できる性質を持っている相対幹曲線（図Ⅲ-10における正常相対幹曲線）を用いて，幹材積推定に必要な表を作成する二つの方法の提示をした．

第1は，生育地域，樹種，林型，密度管理状態が同じで幹曲線の膨らみ具合が似ている林木の集団ごとに，立木材積表と細り表，さらには形数表をも一連のものとして，数値的な整合性を持った状態で作成する方法である．

資料木について樹高と各相対高での幹直径を測定し，図Ⅳ-7のように相対直径列の樹高による変化を求める．これより得られ

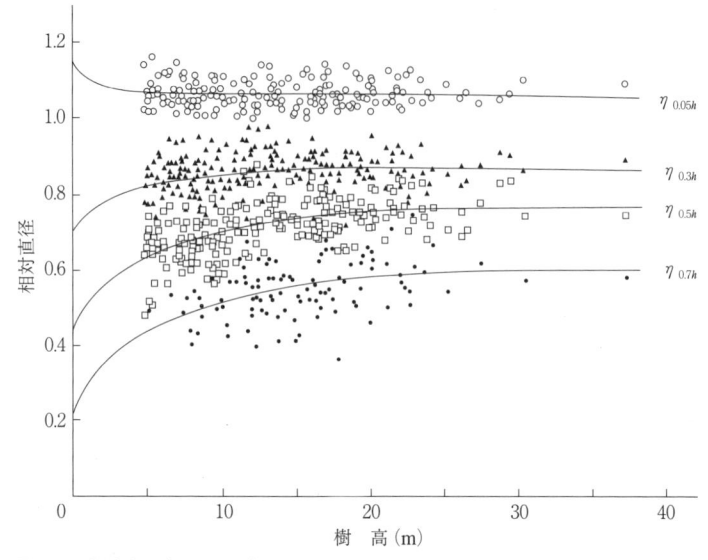

**図IV-7** ●岐阜県今須のスギ・ヒノキ択伐林における相対直径列の樹高による変化

る相対幹曲線の樹高による変化と樹皮厚に関する調査結果を基にすると，その方法は省略するが，胸高直径と樹高を独立変数とする立木材積表および細り表とともに，樹高を独立変数とする任意の位置の幹断面積を基準とする形数表が作成できる．この場合，資料木における樹高と各相対高での幹直径の測定は必ずしも伐倒木で行う必要はなく，先に述べたシュピーゲル・レラスコープとペンタプリズム輪尺を併用する方法によれば，立木のままで資料を収集することもできる．図IV-7に示した岐阜県今須のスギ・ヒノキ択伐林の結果は立木での測定によったもので，スギとヒノキでは相対直径に差が認められなかったので両樹種を一緒にして

示してある．先に示した表 IV-1 の立木材積表と表 IV-2 の細り表は，図 IV-7 に基づいて作成したものである．

　この方法は幹材積の推定に必要な表を一連のものとして作成する合理的な方法として提示したもので，この方法によると立木材積，細り表および形数表の作成結果にアンバランスを生じることは無い．

　第 2 は，皆伐林に限って適用できる林分用の立木材積表と細り表の作成方法である．

　一斉に植栽された皆伐林内の林木では，過去における陽樹冠基部高率の推移が似ているために，相対幹曲線の差異がきわめて小さくなることを利用した方法である．すなわち，シュピーゲル・レラスコープとペンタプリズム輪尺を併用して，標本木で各相対高の幹直径を測定し，これより林分の平均相対幹曲線を求める．林分の平均相対幹曲線と樹皮厚に関する資料から，当該林分用の立木材積表と細り表が作成できる．

　この方法は，立木材積表や細り表が用意されていない皆伐林で立木材積と利用材積，とくに詳細な情報を伴う利用材積推定の方法として提示したものである．立木材積表や細り表が用意されている場合とは違って平均相対幹曲線と樹皮厚に関する資料の収集が必要となるが，4 人 1 組で作業したときのこれらの資料収集に要する時間は 2 時間ほどである．

　もう一つは，形数を利用した立木材積推定に関することである．

　先の図 IV-4 に相対直径列の経年変化を示した皆伐林のヒノキについて，樹高の 1/10，3/10，5/10，7/10 の各相対高の幹断面

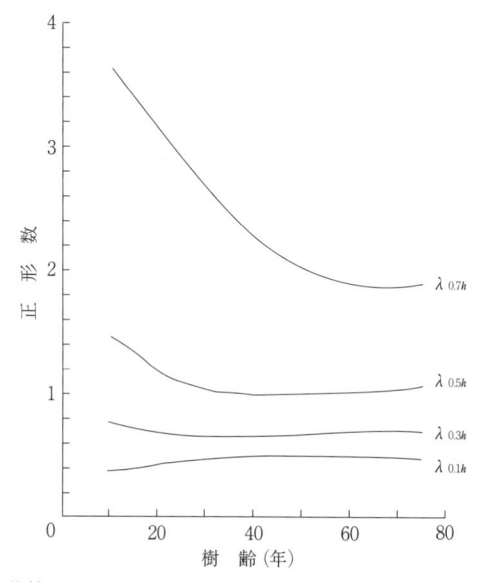

**図IV-8** ● 皆伐林のヒノキにおける基準とする幹断面積の相対高が異なる正形数の経年変化

積を基準とする形数（正形数）$\lambda_{0.1h}$，$\lambda_{0.3h}$，$\lambda_{0.5h}$，$\lambda_{0.7h}$の経年変化を示すと，図IV-8のようになる．相対直径が全体的に大きくなって相対幹曲線ひいては幹曲線の膨らみが増せば，樹高の1/10の相対高といった下部の幹断面積を基準とする形数は経年的に大きくなるが，上部の幹断面積を基準とする形数では逆に小さくなり，中間の位置の幹断面積を基準とする形数はほとんど経年変化を示さなくなっている．ここには示していないが，普通によく用いられる胸高断面積を基準とする胸高形数も，樹高の1/10の相対高の幹断面積を基準とする形数$\lambda_{0.1h}$と同様に，幹曲線の膨らみが増すとともにその値は大きくなる．

第Ⅳ章　樹冠と幹の成長との関係

　国の内外を問わず，幹の大きさ，生育地域，密度管理状態，更新方法，樹種，林型の異なる多くの資料木について，基準とする幹断面積の相対高が異なる各種の正形数と胸高形数について実験的に検討した結果によると，幹曲線の膨らみ具合の違いに関係なく最も値が安定しているのが樹高の 3/10 の相対高の幹断面積を基準とする形数 $\lambda_{0.3h}$ で，常にほぼ 0.70 前後の値を示した．そして，これに次いで値が安定しているのが樹高の 5/10 すなわち幹の中央の幹断面積を基準とする形数 $\lambda_{0.5h}$ で，樹高が 10 メートル以上の立木ではほぼ 1.00 とみなしてよい状態であった．

　こうなる事情を，基準とする幹断面積と樹高は等しいが幹曲線の膨らみ具合のみは異なる場合について説明すると，次のようになる．幹曲線の膨らみが増すことによって，基準とした幹断面積の位置より上部では幹直径したがって幹材積が増大するが，下部では幹直径したがって幹材積は逆に減少するという状態になる．このため，基準とする幹断面積の位置が低い形数では，幹材積の上部での増大分が下部での減少分を上回って形数の値は大きくなるが，基準とする幹断面積の位置が高い形数では，逆に幹材積の上部での増大分が下部での減少分を下回って形数の値は小さくなる．そして，基準とする幹断面積の位置が中間に位置する形数では，幹材積の上部での増大分と下部での減少分とが相殺して変化を示さなくなるわけである．

　形数は幹曲線の膨らみ具合の指標であるというこれまでの認識からすると，幹曲線の膨らみ具合が変わっても変化しない樹高の 3/10 や 5/10 の相対高の幹断面積を基準とする形数は指標としてふさわしくない．しかし，樹高の 3/10 や 5/10 といった位置の幹

断面積と樹高が分かれば，幹曲線の膨らみ具合の違いには関係なく，一定数である 0.70 や 1.00 を掛ければ立木材積が得られるのであるから，立木材積の推定という実用的な面では便利である．その利点が最も有効に生かせるのが，ビッターリッヒ法による林分材積の推定である．

ビッターリッヒ法というのは，1948 年にビッターリッヒが発表した胸高断面積合計の推定方法である．その原理は省略するが，森林内の任意の点に立ち，周囲にある全立木について，水平に設定した一定の視準角から胸高直径がはみ出る木の本数を数えれば，その本数に視準角に応じて決まる定数を掛けることにより 1 ヘクタール当たりの胸高断面積合計が得られるという方法である．樹冠の測定に用いているシュピーゲル・レラスコープという器具は，ビッターリッヒ法による胸高断面積合計測定のために開発されたものである．例えば，図 III-4 における 1 測帯の幅から胸高直径がはみ出る立木の本数を数えると，その本数の 1 倍が，また 2 測帯から胸高直径がはみ出る立木の本数を数えると，その本数の 4 倍が 1 ヘクタール当たりの胸高断面積合計となる．これまでに無かった新しい発想による胸高断面積合計の測定方法で，胸高直径の毎木調査によるよりも著しく早く，簡単に胸高断面積合計の測定ができるために注目された．

ビッターリッヒ法によれば，樹高の 3/10 や 5/10 といった手の届かない高い位置の幹断面積合計の測定も可能で，これらの相対高の幹断面積合計を測定対象とすることにより，胸高の幹断面積合計を対象とした場合よりも，幹断面積合計から林分材積への移行が単純明快となる．すなわち，形数を用いると林分材積は幹断

面積合計，平均樹高および平均形数の三者の積として与えられるが，樹高の 3/10 の相対高の幹断面積合計を測定対象としたときには，その幹断面積合計と平均樹高の積にどの立木にも共通する形数 0.70 を掛けたものが，樹高の 5/10 の相対高の幹断面積合計を測定対象としたときには，各立木に共通する形数は 1.00 とみなせるので，その幹断面積合計と平均樹高の積がそのまま 1 ヘクタール当たりの林分材積となる．こうすることによって，測定の実行が早くて簡単であるというビッターリッヒ法の長所がいっそう活かせることになる．

これまでの幹材積推定の方法は，測定が容易で確かな値が得られる胸高の直径や断面積にこだわり，これを出発点としたものであった．そのために，ややもすると幹材積推定が理論的にすっきりせず，現実には複雑で，やっかいなものになりがちであった．しかし，最初から胸高の直径や断面積にこだわることは止め，幹曲線の合理的な表現方法である相対幹曲線や幹曲線の膨らみ具合によって変化しない形数を利用すれば，上に述べたようにこれまでとは違った合理的で実用上有効な幹材積の推定方法が展開できるということである．

# 3 幹材の形質

先に述べたように，幹材の形質を示す因子として年輪幅の大きさと均一性，完満度，無節性といったものがある．そして，過去における陽樹冠表面積が全体的に小さかった立木ほど，幹直径の

```
              陽樹冠表面積→小
              /      |      \
     年輪幅→小   完満度→高   無節性→高
```

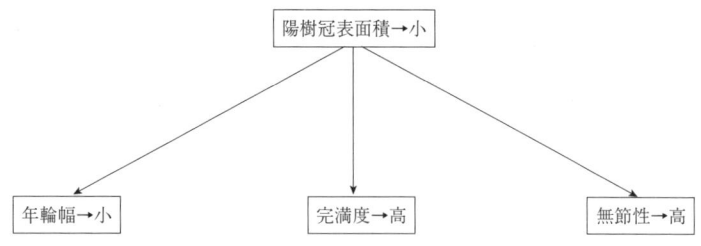

**図IV-9** ●陽樹冠表面積による幹材の形質の変化

成長が抑えられて幹材の年輪幅は狭く，完満度は高くなる．陽樹冠表面積が小さければ，陽樹冠に陰樹冠を加えた全樹冠長も小さくなるのが普通で，節の出現も少なくなって材の無節性は高まる．すなわち，年輪幅，完満度および無節性という三つの幹材の形質を示す因子は連動して変化し，幹材の形質を向上させるには樹冠とくに陽樹冠を小さくすればよいということである．なお，陰樹冠を枝打ちすれば，その分だけ幹材の無節性は高まるが，陽樹冠表面積は違わないので年輪幅や完満度は変わらない．

各木の樹冠がほぼ同じ高さに並んでいる皆伐林では，樹木の間隔によって樹冠の大きさが制限されるので，植栽密度と間伐を通じての密度管理状態によって樹冠の大きさが変えられる．全体的に高い密度管理状態にあるほど樹冠は小さくなり，幹材の年輪幅は狭く，完満度と無節性は高くなる．皆伐林では，このような関係を利用して各種の用途に適した形質の幹材の生産が行われてきた．

一般の用材生産のスギ皆伐林では，図IV-10の京都市山国や大分県玖珠のように1ヘクタール当たり3000〜4000本を植栽するのが普通である．しかし，京都市北山では6000本を植栽した後

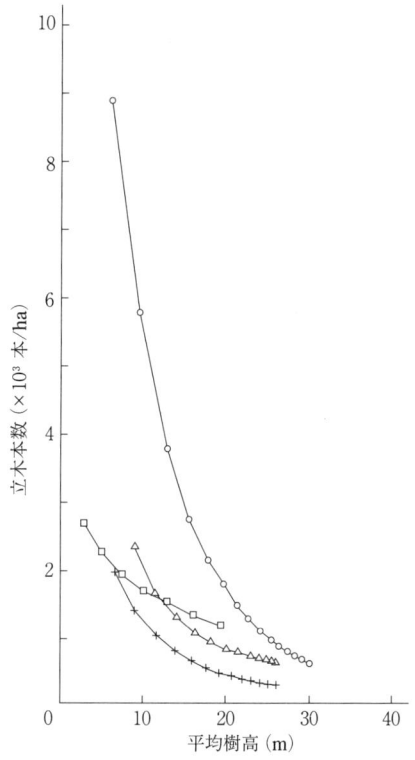

**図Ⅳ-10** 密度管理状態が異なる各地のスギ皆伐林における平均樹高と立木本数の関係
○：奈良県吉野（高密度）　△：京都市山国（中密度）
□：大分県玖珠（中密度）　＋：宮崎県飫肥（低密度）

は間伐をしないで，強度の枝打ちによって陽樹冠長をほぼ3メートル前後と一定の長さに保ちながら，陰樹冠は全て枝打ちによって除去するという方法で，年輪幅が狭くて完満度がきわめて高く，上端と下端の直径差が少なくて円柱に近い表面無節の装飾性

の強い床柱用のスギ磨き丸太を生産している．また，奈良県吉野では1ヘクタール当たり1万本近くと植栽本数はきわめて多いが，その後は間伐を頻繁に繰り返しながら主伐時期には普通の密度管理状態の地域とあまり違わない程度にまで立木本数を減らすという方法で，材の中心部の年輪幅が狭くて材の内外における年輪幅は均一で，完満度と無節性の高い優良な大径のスギ建築用材の生産をしている．さらに，今はもうほとんど行われていないが，宮崎県飫肥では1ヘクタール当たり1500〜2000本，場合によっては1000本と植栽本数を少なくして密度を低く保つことによって，完満度は低いが，年輪幅が大きくて軽い和船の材料に適したスギ弁甲材の生産をしていた．これらは，密度管理状態を変えることによって樹冠の大きさをコントロールし，形質の異なる幹材を生産してきた好例である．

　普通の密度管理状態にあるスギ皆伐林と岐阜県今須の択伐林のスギについて，幹材の形質を比較すると次のようであった．

　陽樹冠表面積は樹高の低い段階ではあまり違わないが，樹高が高くなると皆伐林よりも択伐林の方が大きくなることを先に述べた．そして，単位陽樹冠表面積当たりの幹材積成長量は，図IV-11のように択伐林の中・下層木では明らかに皆伐林よりも小さいが，樹高が高くなるにつれて両者の値は違いを示さなくなっている．なお，岐阜県今須の択伐林における単位陽樹冠表面積当たりの幹材積成長量が樹高20メートル以下の木で1975〜86年よりも1986〜94年の方が小さくなっているのは，伐採が停滞して上層の樹冠量が増え，中・下層木に当たる陽光量が減少したことによるものとみられる．

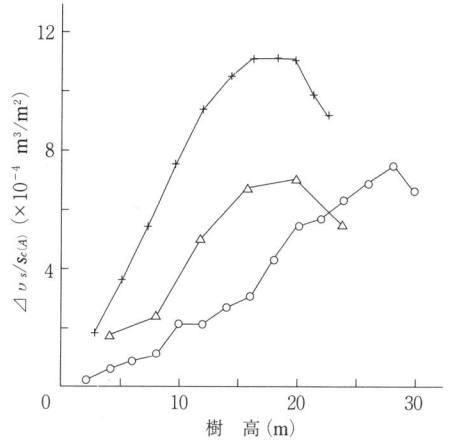

**図IV-11** 皆伐林と択伐林のスギにおける単位陽樹冠表面積当たりの幹材積成長量の比較
＋：大分県玖珠の皆伐林　○：岐阜県今須の択伐林（1986～94年）
△：岐阜県今須の択伐林（1975～86年）
$\triangle v_s/s_{C(A)}$：単位陽樹冠表面積当たりの幹材積成長量

　このような陽樹冠表面積と単位陽樹冠表面積当たりの幹材積成長量の違いを受けて，図IV-12のように択伐林の材の年輪幅は皆伐林に比べて材の内部では小さいが外部では大きくなる．しかし，このために材の内外における年輪幅は皆伐林よりも択伐林の方が均一化する結果となり，択伐林では皆伐林の材に見られるような内部から外部にかけて年輪幅が減少するいわゆる芯開きの状態ではなくなっている．

　完満度が高いほどその値が大きくなるという関係にある形状比（$h/d_{0.1h}$）を比較すると，図IV-13のようになる．なお，樹高の10分の1の相対高における基準直径（$d_{0.1h}$）はセンチメートル単位

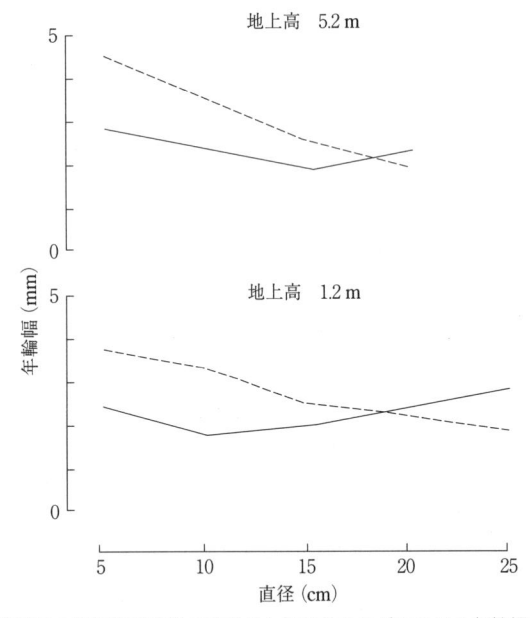

**図Ⅳ-12●**普通の密度管理状態の皆伐林と択伐林のスギにおける年輪幅の比較
　　　　破線：京都府大野の皆伐林（中密度）　実線：岐阜県今須の択伐林

で，樹高（$h$）はメートル単位で測定するのが普通であるので，ここではこれらの単位で測定した値の比として形状比を求めた．基準直径が10センチメートルで，樹高が10メートルであれば形状比は1.0となる．完満度は樹高の低い段階では皆伐林よりも択伐林の方が高いが，樹高が高くなると逆に皆伐林よりも択伐林の方が低くなっている．

　これらの結果と，年輪幅の小ささや完満度の高さと連動して無節性が高まることとを考え合わせるると，次のことが指摘できる．あまり高くない樹高の立木が対象となる柱材では，皆伐林よ

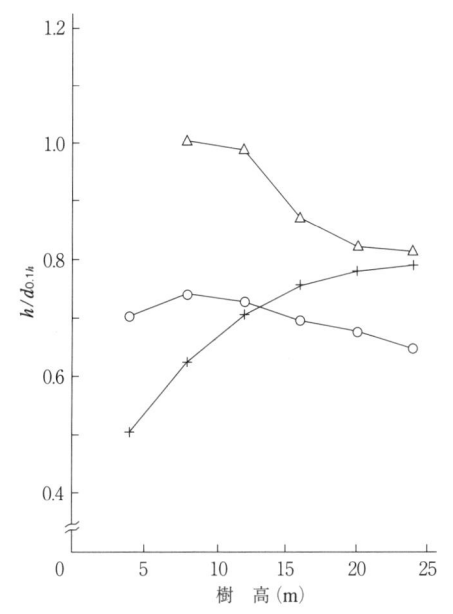

**図Ⅳ-13**●密度管理状態が異なる皆伐林と択伐林のスギにおける幹の形状比の比較
△：奈良県吉野の皆伐林（高密度）　＋：大分県玖珠の皆伐林（中密度）　〇：岐阜県今須の択伐林
$h/d_{0.1h}$：形状比

りも択伐林の方が優れた形質の幹材が生産できる，いいかえると形質の良い柱材の生産には皆伐林よりも択伐林の方が向いている．しかし，樹高が高くなると，この関係は逆転して皆伐林よりも択伐林の方が年輪幅は広く，完満度と無節性は低くなる．すなわち，皆伐林と択伐林の幹材の形質には一長一短があるということである．

ただし，このような幹材の形質の違いは普通の密度管理状態の

皆伐林と択伐林について言えることである．例えば同じ皆伐林でも奈良県吉野のような高い密度管理をすると，択伐林に対する幹材の形質の優劣はまた違ったものとなる．図IV-13に示したように，奈良県吉野と大分県玖珠とでは完満度に大きな差異がみられるとともに，樹高が高くなるにつれての完満度の変化も異なり，樹高の低い段階では大分県玖珠よりも奈良県吉野の完満度が高いが，樹高が高くなるとあまり違わなくなっている．年輪幅，完満度および無節性といった幹材の形質が連動して変化するものであることと，図IV-13に示した奈良県吉野の皆伐林と岐阜県今須の択伐林における形状比の差異を考え合わせると，柱材の形質は奈良県吉野の皆伐林の方が択伐林よりも優れていると判断される．

　図IV-13には示してないが，伐採時期に達した幹材での形状比は京都市北山が1.13であるのに対して宮崎県飫肥では0.52と小さかった．樹高の同じ立木の幹直径は，宮崎県飫肥の方が京都市北山のほぼ2倍もあるということである．これに応じて年輪幅や節の出現状態にも差が生じるわけで，皆伐林での密度管理状態による幹材の形質の違いがいかに大きいものであるかが分かる．

　以上のように，幹材の形質には皆伐林の密度管理状態や，皆伐林と択伐林という林型の違いによる差異が見られることは確かである．しかし，その根源はあくまでも過去における樹冠とくに陽樹冠の大きさの違いにある．そして，幹材の形質は樹冠の大きさの経年変化を変えることによってコントロールできるし，逆に陽樹冠の大きさの管理状態を基に幹材の形質の予測ができることにもなる．大分県玖珠のスギ皆伐林で，植栽本数を始めとする密度管理によって陽樹冠の大きさを変えた場合における幹材の形質の

予測結果については後に述べる．

第Ⅴ章 | *Chapter V*

# 樹冠量からみた幹材積生産量

　本章では，森林の幹材積成長量（林分材積成長量）を支配する陽樹冠表面積合計に基づいて，皆伐林の密度管理状態による年間の平均幹材積生産量の差異，択伐林における年間の平均幹材積生産量および皆伐林と択伐林における年間の平均幹材積生産量の優劣について検討した結果を述べる．

## 1 | 皆伐林の密度管理状態による差異

　皆伐林では何回かの間伐を繰り返した後に，残っている植栽木を皆伐する．したがって，幹材積生産量は皆伐時に残っていた立木の幹材積合計（林分材積）に過去の間伐によって収穫された間伐収穫材積の総和を加えた総収穫材積で評価すべきである．総収穫材積は連年成長量と呼ばれる毎年の林分材積の成長量が積み重ねられた結果で，両者の経年変化は原則として図 V-1 のようになる．

　スギやヒノキの皆伐林で連年成長量が最大に達するのは林齢20〜30 年あたりである．そして，総収穫材積をそれに達するま

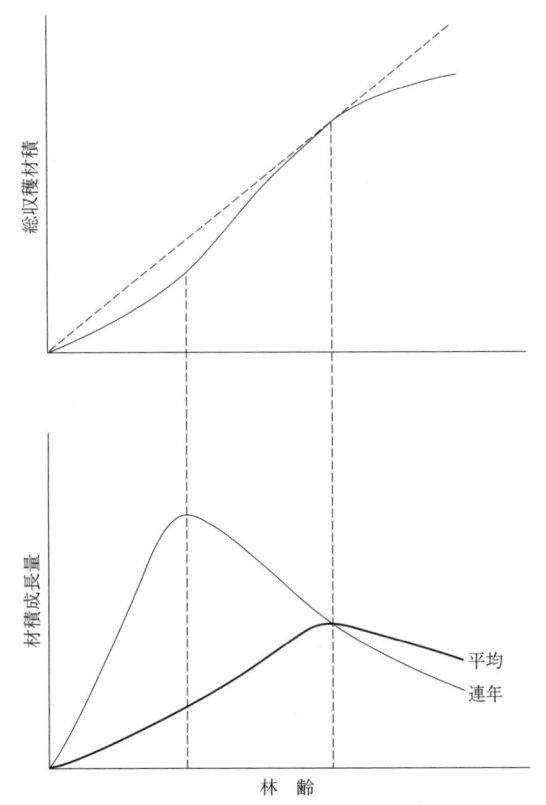

**図V-1** ●皆伐林における総収穫材積とその連年成長量および平均成長量の経年変化

でに要した年数で割ることによって、平均成長量と呼ばれる年間の平均幹材積生産量が得られる．平均成長量も連年成長量と似たような経年変化のパターンを示すが、最大値に達する林齢は平均成長量の方が連年成長量よりも遅くて、スギ、ヒノキでは

40～50年あたりとなる．平均成長量が最大となる林齢で皆伐をすれば年間の平均幹材積生産量が最大となる．そこで，この平均成長量が最大となる林齢は皆伐に適した一つの時期（伐期齢）として注目され，材積収穫最多の伐期齢と呼ばれている．なお，図に示したように，総成長曲線の変曲点における林齢で連年成長量が最大になる．また，原点と総収穫材積を結ぶ曲線の勾配が最大となる林齢で平均成長量が最大になり，この林齢では連年成長量と平均成長量が等しくなることが数学的に証明されている．

　先に述べた大分県玖珠のスギ皆伐林での陽樹冠表面積合計の経年変化と，実験的に得た単位陽樹冠表面積当たりの幹材積成長量の経年変化（図IV-11を経年変化に置き換えたもの）より，（陽樹冠表面積合計）×（単位陽樹冠表面積当たりの幹材積成長量）＝（林分材積成長量）として，毎年の林分材積成長量（連年成長量）の経年変化を求めた．陽樹冠表面積合計が最大となるのは林齢10年（平均樹高5メートル）の時であるが，図IV-11のように単位陽樹冠表面積当たりの幹材積成長量は平均樹高が10メートルを超える林齢30年あたりまで急増する関係で，連年成長量はそれよりも遅い林齢20～30年で最大となり，それ以降は減少するという図V-1のようなパターンの経年変化となり，このような形で妥当な林分材積成長量が得られることを示していた．

　ところで，「密度効果の法則」によると，皆伐林では密度が高くなると単木の平均幹材積は小さくなるが，総収穫材積は多くなるとされている．そこで，植栽本数が1ヘクタール当たり4000本で，普通の密度管理状態にある大分県玖珠のスギ皆伐林において，密度管理状態がこれと異なる場合の総収穫材積を，林分材積

成長量を支配する陽樹冠表面積合計との関連で具体的に予測してみた.

図V-2に示すような1ヘクタール当たりの植栽本数が4500本と3000本を出発点とし,これに応じてその後の立木密度も現状とは異なる二つの密度管理基準ⅠとⅡの場合について,樹高成長は立木密度によって変わらないものとして,まず平均木の陽樹冠の縦断面と表面積の経年変化を求め,それを基に幹の縦断面の経年変化を推定すると図V-3,4のようになった.密度が高くなると陽樹冠表面積は小さくなるので,胸高直径と幹材積が小さくなることを先に述べたが,全体的に幹直径が小さく,したがって幹材積も小さいというそのとおりの結果となっていて,この点では「密度効果の法則」と一致している.

次に,図V-2, 3, 4に基づいて,1ヘクタール当たりの樹冠基底断面積合計,陽樹冠表面積合計,林分材積成長量,総収穫材積の順に経年変化を推定した.その結果によると,林齢20年までは大小関係の一時的な逆転もあって,全体的に密度管理基準による差はあまりないが,それ以降では密度管理基準による一貫した違いが認められた.すなわち,密度が高くなると樹冠間隙率は減少するという関係が認められ,このために密度が高くて樹冠基底断面積の小さい基準Ⅰの方が,密度が低くて樹冠基底断面積の大きい基準Ⅱよりも樹冠基底断面積合計は多くなった.しかし,陽樹冠表面積合計では基準Ⅰの方が基準Ⅱよりも少なくなった.その理由は,次のように考えられる.陽樹冠表面積合計は樹冠基底断面積合計だけで決まるわけではなく,平均の陽樹冠の形状比と膨らみ具合によっても変わる.図Ⅲ-1に示した陽樹冠形モデル

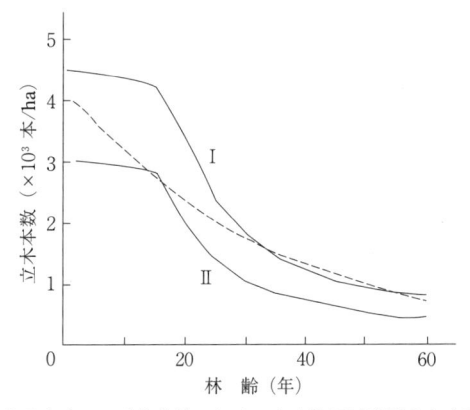

**図V-2** ●大分県玖珠のスギ皆伐林における密度管理基準別立木本数の経年変化と現状
Ⅰ：密度管理基準Ⅰ（植栽本数 4,500 本 /ha）
Ⅱ：密度管理基準Ⅱ（植栽本数 3,000 本 /ha）
破線：現状

からして，密度が高くなると陽樹冠の下部がカットされて長さが短くなるとともに，平均の陽樹冠状比と膨らみ具合という二つの関係因子の値はともに小さくなると想定される．これが効いて，樹冠基底断面積合計は多いにもかかわらず，陽樹冠表面積合計は少なくなったわけである．その結果，林分材積成長量は基準Ⅰの方が基準Ⅱよりも少なくなり，図V-5に示すように総収穫材積，林分材積ともに基準Ⅰの方が基準Ⅱよりも 8～9％少なくなった．総収穫材積に応じて年間の平均幹材積生産量も少なくなるので，基準Ⅰの方が基準Ⅱよりも年間の平均幹材積生産量は 8～9％少ないということである．

「密度効果の法則」に基づいて作成された大分県のスギ人工林（皆伐林）の収穫予想表では，基準Ⅰの方が基準Ⅱよりも 10％ほ

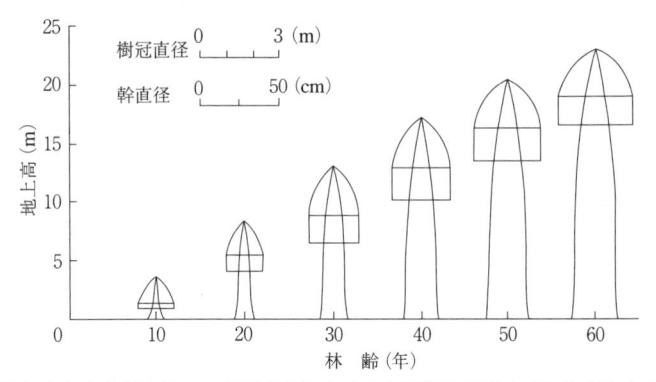

**図Ⅴ-3**●大分県玖珠のスギ皆伐林における密度管理基準Ⅰ（植栽本数 4,500 本/ha）での樹冠と幹の縦断面の予測結果

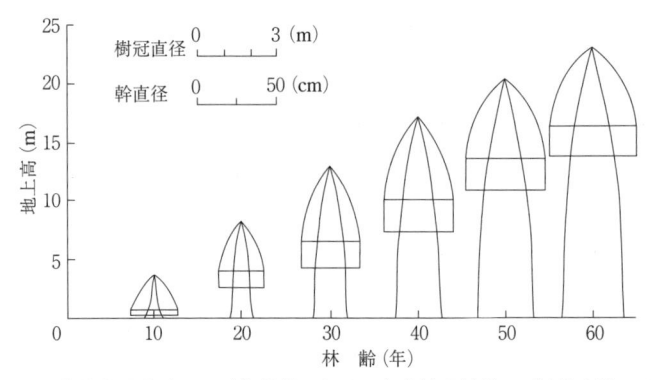

**図Ⅴ-4**●大分県玖珠のスギ皆伐林における密度管理基準Ⅱ（植栽本数 3,000 本/ha）での樹冠と幹の縦断面の予測結果

ど総収穫材積が多くなっており，ここでの推定結果とはくい違っている．このくい違いについてはいろいろと論議もあろうが，幹材積成長量を支配する陽樹冠表面積合計に基づく予測結果では，密度を高くすれば総収穫材積ひいては年間の平均幹材積生産量が

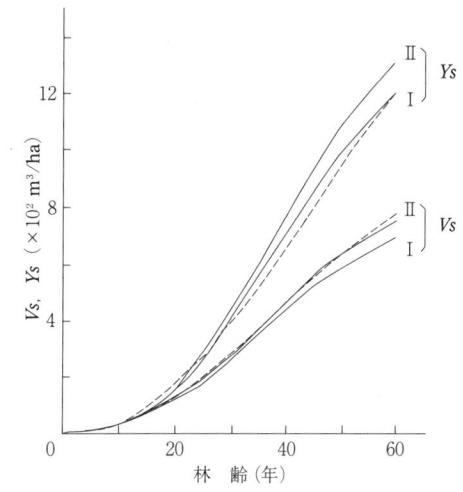

**図V-5** ●大分県玖珠のスギ皆伐林における密度管理基準別総収穫材積と林分材積の予測結果と現状
Ⅰ：密度管理基準Ⅰ（植栽本数4,500本/ha）
Ⅱ：密度管理基準Ⅱ（植栽本数3,000本/ha）
破線：現状
$Y_S$：総収穫材積　$V_S$：林分材積

増えるとすることには疑問があるということである．

なお，図V-3, 4から平均木における年輪幅，完満度，無節性を求めると，密度の高い基準Ⅰの方が密度の低い基準Ⅱよりも年輪幅は小さく，完満度と無節性は高くて，幹材の形質が優れているという先に述べたような結果になっていた．そして，図V-3, 4からは有利な丸太の採り方，柱材を製材した場合の節の出現状態といった木材生産上の有益な情報も得られることを付け加えておく．

# 2 | 択伐林の幹材積生産量

　先に提示したモデルのような樹冠の空間占有状態や胸高直径分布を示すスギ・ヒノキ択伐林があれば，その林分材積成長量を測定すれば確かなことが分かる．しかし，そのような択伐林は見当たらない．そこで，今須択伐林における胸高直径と幹材積成長量の平均的な関係を胸高直径分布モデルに持ち込んで求めた林分材積成長量の試算値と，樹冠の空間占有状態や直径分布がモデルとは異なり，陽樹冠表面積合計はモデルよりも多い6箇所の固定試験地における林分材積成長量の測定結果とを用いて，モデルのような今須択伐林における林分材積成長量の値を推定した．その結果，1ヘクタール当たり林分材積成長量は16〜17立方メートルと見込まれた．先に述べたようにヨーロッパ方式の択伐林での林分材積成長量は経年変化を示さないとみられるので，これがそのままヨーロッパ方式の択伐林における年間の平均幹材積生産量となる．なお，胸高直径分布モデルに胸高直径と幹材積の平均的な関係を持ち込んで求めた1ヘクタール当たりの林分材積の試算値は，最大木が大きくなり，最高の樹冠基部高が15メートルから20メートルへと高くなるにつれて，263立方メートルから461立方メートルへと大きくなった．

　ここで，択伐林の林分材積成長量に関して二つのことを指摘しておきたい．

　一つは，樹冠の空間利用の程度が低いと，林分材積成長量が少なくなることである．

例えば，ヨーロッパ方式とナスビ伐り方式の択伐林について考えてみよう．大径材の生産を目的とするナスビ伐り方式の択伐林では，一定の胸高直径に達するまでは伐採しないのであるから，途中での枯損などによる本数減少が無いとすると，各胸高直径階の立木本数は同数であっても良いことになる．ナスビ伐り方式であれヨーロッパ方式であれ，上層木の樹冠基底断面積合計が多くなると林内の日射量が不足して中・下層木，とくに下層木の生育が確保できなくなることは同じである．したがって，両方式における上層木の樹冠基底断面積合計，いいかえると大径木の立木本数には違いがないにしても，ナスビ伐り方式の方が中・小径木の立木本数，したがって中・下層木の樹冠基底断面積合計はヨーロッパ方式よりも少なくなる．この差の分だけ，ヨーロッパ方式よりもナスビ伐り方式の方が森林全体としての樹冠基底断面積合計，ひいては陽樹冠表面積合計，さらには林分材積成長量が少なくなるとみられる．このような状態は，高知県魚梁瀬のスギ択伐林においてみられた．

また，北海道のトドマツ・エゾマツなどの置戸照査法試験林に比べると，樹冠の空間利用の程度が低い天然林の林分材積成長量は半分であると報告されている．

もう一つは，上層木の伐採が停滞して上層の樹冠量が過大になり，後継樹の枯損が起こっている状態では，一時的に林分材積成長量が異常に大きくなることである．

これは最近の伐採が停滞したスギ・ヒノキの択伐林で多く見られる状態で，陽樹冠表面積合計はヨーロッパ方式の択伐林よりも多いことは先に述べたとおりである．そして，このような状態に

ある最近の今須択伐林の固定試験地における測定結果によると、林分材積成長量がヨーロッパ方式の択伐林における見込み値をかなり上回っているものがあった。後継樹は生育できなくなりつつあるが、中・小径木がまだ残っている一方で大径木は多くなっているという状態にあり、これは択伐林の姿が失われていく過程で一時的に起こった現象である。この状態は長続きのするものではなく、その林分材積成長量はもはやヨーロッパ方式の択伐林のものではないことには注意を要する。

## 3 皆伐林と択伐林における優劣

　ヨーロッパ方式の択伐林では毎年の林分材積成長量は一定で、これがそのまま年間の平均幹材積生産量になるが、皆伐林の総収穫材積の平均成長量すなわち年間の平均幹材積生産量は図 V-1 のように経年変化をするので、そのままでは両者における幹材積生産量の大小を判断することはできない。しかし、皆伐林における総収穫材積の平均成長量の最大値を択伐林の毎年の林分材積成長量が上回っておれば、年間の平均幹材積生産量は皆伐林よりも択伐林の方が多いと断定できる。そこで、このような方法で皆伐林と択伐林の幹材積生産量を比較検討すると、次のようになる。

　岐阜県今須のスギ・ヒノキ択伐林は土壌などの生育条件に恵まれた立地にあり、地位区分はスギではⅠ等地、ヒノキではそれよりも上位の特等地に当たるとみられる。それを考慮に入れて、この地方のスギ、ヒノキ皆伐林の収穫表より総収穫材積の平均成長

量の最大値を求めると，その値はヨーロッパ方式の択伐林における毎年の林分材積成長量の見込み値 16〜17 立方メートルとほぼ違わない．

また，高知県魚梁瀬のスギ択伐林では，先に述べたモデルのような樹冠の空間占有状態を示す森林の林分材積成長量は 11.8 立方メートルになると期待されている．そして，林木構成がヨーロッパ方式の択伐林に近い千本山天然更新試験地での測定結果によると，林分材積成長量は 12〜13 立方メートルとなっていて，その期待値が実現されている．他方，土佐地方のスギ皆伐林の収穫表によると，総収穫材積の平均成長量の最大値は 12.3 立方メートルとなっていて，これは択伐林における毎年の林分材積成長量とほぼ同じである．

さらに，樹種は異なるが，きちんとした取り扱いが行われていて林分材積の伐採量と成長量がほぼ均衡しているヨーロッパにおけるモミ・トウヒなどの択伐試験地，北海道のトドマツ・エゾマツなどの置戸照査法試験林，青森のヒバ択伐試験地における毎年の林分材積成長量の測定結果を整理してみると，その値はそれぞれの地域の各樹種における皆伐林の収穫表での総収穫材積の平均成長量の最大値とあまり違わない．

皆伐林における総収穫材積の平均成長量の最大値と，ヨーロッパ方式の択伐林における毎年の林分材積成長量とがほぼ違わない理由は，次のように考えられる．

皆伐林，択伐林を問わず，毎年の林分材積成長量は（陽樹冠表面積合計）×（単位陽樹冠表面積当たりの幹材積成長量）として与えられる．したがって，皆伐林の総収穫材積の平均成長量が最大

**写真V-1** ●高知県魚梁瀬のスギ天然林・千本山天然更新試験地

スギ,ヒノキ,モミ,ツガ,広葉樹からなる天然林に 1925 年に設けられた試験地で,その胸高直径分布は設定当初からヨーロッパ方式の択伐林が示す逆 J 型に近かったという.その後ずっと,森林総合研究所四国支所による林木の成長や更新に関する調査と試験が続けられている.上の写真は,後継樹は少ないものの,大小の林木がうまく混在している部分である.下の写真は,天然更新が成功した部分であるが,天然更新がこのようにうまく行くことは少なく,人工的に補植を必要とすることが多いという.(吉田 実氏撮影)

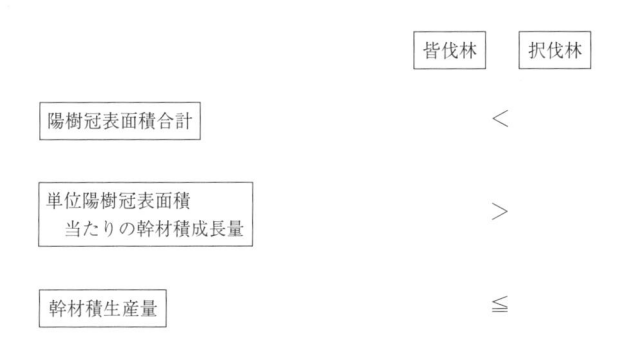

|  | 皆伐林 | 択伐林 |
|---|---|---|
| 陽樹冠表面積合計 | | < |
| 単位陽樹冠表面積<br>当たりの幹材積成長量 | | > |
| 幹材積生産量 | | ≦ |

(幹材積生産量)＝(陽樹冠表面積合計)×(単位陽樹冠表面積当たりの幹材積成長量)
**図V-6** ●皆伐林とヨーロッパ方式の択伐林における幹材積生産量の優劣

になるまでの期間における皆伐林と択伐林の平均的な林分材積成長量の違いは，その期間における平均的な陽樹冠表面積合計と平均的な単位陽樹冠表面積当たりの幹材積成長量の大小関係に分解して考えられる．

大分県玖珠のスギ皆伐林における測定結果によると，1ヘクタール当たりの陽樹冠表面積合計は樹冠閉鎖時の林齢10年あたりで最大の3万5000平方メートルに達するが，その後は減少してほぼ2万〜3万平方メートルで推移する．京都府立大学大野演習林のスギ皆伐林固定試験地での林齢19〜35年，同鷹ヶ峰演習林のヒノキ固定試験地での林齢14〜26年における測定結果でも，樹冠閉鎖後の陽樹冠表面積合計は大分県玖珠のスギ皆伐林とほとんど違わなかった．岐阜県のスギ，ヒノキの皆伐林でも，陽樹冠表面積合計はこれらとほぼ違わないとすると，岐阜県今須のスギ・ヒノキ択伐林の胸高直径分布モデルより算出した1ヘクタール当たりの陽樹冠表面積合計は3万3000平方メートル前後であ

るので，平均すれば皆伐林よりも択伐林の方が多いことになる．他方，例えば大分県玖珠のスギ皆伐林における平均的な単位陽樹冠表面積当たりの幹材積成長量を岐阜県今須のスギ・ヒノキ択伐林での値と比べると，図IV-11に示したように皆伐林の方が択伐林よりも大きい．

　これらの結果からすると，全体的に陽樹冠表面積合計は皆伐林よりも択伐林の方が多いが，単位陽樹冠表面積当たりの幹材積成長量は逆に皆伐林よりも択伐林の方が小さいために，両者が相殺して皆伐林と択伐林の平均林分材積成長量に違いが見られなくなったと考えられる．

　以上の結果からすると，皆伐林とヨーロッパ方式の択伐林とでは，年間の平均幹材積生産量はあまり違わないとみられる．もっとも，皆伐時期が総収穫材積の平均成長量が最大になる林齢よりずれるほど，年間の平均幹材積生産量は択伐林よりも皆伐林の方が少なくなる．つまり，択伐林の年間の平均幹材積生産量は皆伐林と同等ないしはそれ以上ということである．ただし，これは生育空間が樹冠によって最大限に利用されているヨーロッパ方式の択伐林についてのことで，生育空間の利用の程度が低い場合には林分材積成長量が低下することは先に述べたとおりで，ナスビ伐り方式の択伐林などでは幹材積生産量が皆伐林を下回ることが起こり得る．なお，先に述べたように上層木の伐採が停滞した択伐林では一時的に林分材積成長量が異常に大きくなることがあるが，これは長続きのするものではない．この値が皆伐林の幹材積生産量より大きいからといって，択伐林の幹材積生産量が皆伐林よりも大きいということにはならない．

# 第Ⅵ章 | *Chapter VI*

# 林冠の状態と環境保全機能

　本章では，まず内容が多様な環境保全機能の種類を区分する．そして，環境保全機能を支配しているのは樹冠が集合した林冠であるので，各種の環境保全機能の維持に適した林冠の状態を検討する．最後に，林冠の管理によって下層広葉樹の自生を促して皆伐林の環境保全機能を高める方法や，樹種の混交を図って森林の風致効果を高める方法について述べる．

## 1 環境保全機能の種類

　森林が持つ環境保全機能は，森林自体が持つ物理的，化学的，生物的なものから森林と人間との係わりから生じる精神的・心理的なものまで多様である．環境保全機能の区分の仕方はいろいろあろうが，ここでは次のように大別して考える．

(1) 水土保全—水源涵養（洪水・渇水の緩和），水質良化，土壌の侵食・流出防止，山地の崩壊防止
(2) 生活環境保全—気候の緩和，大気汚染物質の吸収，塵埃の

吸着，防音，防風，防火，防霧，飛砂防止，潮害防止，干害防止，水害防止，吹雪防止，雪崩防止，落石防止
(3) 地球の温暖化防止—二酸化炭素の吸収
(4) 野生生物保護—生物の種と遺伝子の保存
(5) 景観維持とレクリエーション利用—風景・風土の維持，保養・行楽の場の提供

森林は，いくつかの種類の環境保全機能を重複して果たしているのが普通である．すなわち，上のように区分したからといって，各森林がどれか一つの機能を果たしておれば良いというものではないということである．そして，機能の発揮に必要な森林の広さには機能の種類による違いもみられ，生活環境保全・景観維持のように比較的狭い森林でも事足りるものから，水源涵養・野生生物保護のようにかなり広い森林を必要とするもの，さらには地球温暖化防止のように地球規模での森林面積が問題になるものまである．

## 2 機能の発揮に適した林冠の状態

林冠の状態が対照的に異なる皆伐林と択伐林を中心に，一部では樹冠の垂直的な分布の状態と林木構成が択伐林に似ている原生林や天然林も含めて，それぞれの環境保全機能に対する適性を比較検討する．環境保全機能は林冠の存在によって発揮されるものであるから，林冠が常に存在するか否かが機能を発揮する上でき

わめて重大な意味を持つ．しかし，それだけにとどまらず，各種の環境保全機能の発揮に適した林冠の状態には樹冠の垂直的分布と量や樹種構成なども関係するとみられるので，そこまで立ち入って考える．

検討に先立って，環境保全機能と関係が深い樹冠の垂直的分布の状態，樹冠基底断面積合計と林地の露出面積率および樹冠の体積合計と表面積合計について，皆伐林とヨーロッパ方式の択伐林における違いを，先に述べた結果に基づいてまとめておく．

皆伐林では樹冠が存在する地上高の範囲が限られ，そこに集中して存在するのに対して，択伐林では垂直的に広く分布している．

樹冠基底断面積合計は常に皆伐林よりも択伐林の方が多い．そして，樹冠がほぼ上下に重複しないで存在している皆伐林では，林地面積から樹冠基底断面積合計を引いたものが樹冠で覆われていない露出した林地の面積とみなせる．樹冠基底断面積合計の値からすると，皆伐林での林地の露出面積率は植栽直後にはきわめて多いが，樹冠の発達につれて減少して樹冠閉鎖の当初で最小のほぼ20％，それ以降では20％以上となる．これに対して，択伐林では樹冠基底断面積合計は林地面積よりも多いが，樹冠が上下に重複しているために樹冠で覆われていない露出した林地もあり，後継樹の生育を確保するには15％ほどの林地の露出面積率が必要である．これからすると，林地の露出面積率は常に皆伐林よりも択伐林の方が少ないということである．

樹冠の体積合計と表面積合計は，樹冠が閉鎖する以前では明らかに皆伐林の方が択伐林より少ない．そして，樹冠閉鎖後には全

樹冠の体積合計における両者の差は次第に小さくなり,林齢60年ではほぼ同じになるのに対して,陽樹冠の体積合計は皆伐林の方が択伐林よりも少ない.一方,全樹冠の表面積合計は樹冠閉鎖直後から皆伐林の方が択伐林よりも若干多くなるのに対して,陽樹冠の表面積合計は樹冠閉鎖当初には同じであるが,その後は皆伐林の方が択伐林よりも少ない.

ところで,林冠の有無による各種の環境保全機能の違いを検討した結果は多い.しかし,択伐林自体が少ないこともあって,皆伐林と択伐林における各環境保全機能の優劣を直接比較検討した結果は無く,樹冠の垂直的分布,林木構成,樹種の混交状態などが択伐林に似ている天然林と皆伐林との差異についての調査・研究が一部あるだけである.したがって,まだ不明なことが多いが,各環境保全機能の発揮のメカニズムとそれに適した林冠の状態,およびそれをふまえての皆伐林,択伐林,天然林における各種の環境保全機能の優劣を,先達の調査・研究の成果に基づいて筆者なりにまとめると以下のようになる.


## (1) 水土保全

水土保全の機能は,降水の移動および土壌・根系の状態と密接な関係がある.

降雨・降雪などを合わせた降水は,そのまま林地に到達するものと樹冠によって遮断されるものとに分かれ,樹冠によって遮断されたものは,さらに雫となって林地に落ちるものと蒸発するものとに分かれる.林地に達した降水は,蒸発するもの,地表を流

れ下る地表流,地中に浸透する浸透水の三つに分かれる.森林では地表に植生や落下した枝葉などの障害物があるので,地表流が起こることはまずなく,地表流による土壌の侵食や流出は防止されるのが普通である.土壌の構造が発達して大小の孔隙がある森林の土壌では,林地に達した降水のほとんどが浸透水となって地中に浸透し,土壌に浸透した水は土壌中を移動することによってきれいな水となって河川に流出するという経過をたどる.このため,よほどの大雨でも降らない限り,森林があれば降水がいっきに河川に流出することはなくて洪水が防げるとともに,地中への浸透水はゆっくり時間をかけて流出することになるので,しばらく雨が降らなくても河川の水が涸れることはないという,いわゆる水源涵養機能が発揮できる.

ただし,樹木はかなり多量の水を地中から吸い上げて葉から蒸散するため,これに樹冠や地表からの蒸発を加えると,森林が存在することによって降水中の 40〜50 %が大気中に蒸発散され,その分だけ河川に流下する水の量は減ることになるという.

そして,根が侵入している表層に限られるが,地中の根は土壌の移動を抑えて山地の崩壊を防ぐ働きをする。根系による山地の崩壊防止効果は,大きさの異なる多くの根が偏りなく深くまで張りめぐらされているほど高いとみられている.

林冠の状態と水土保全機能との関係についてのこれまでの調査・研究結果からすると,次のようなことが指摘できよう.

皆伐林で水土保全機能が最も問題になるのは,皆伐後における林地の裸出である.伐採時における地表の植生や表土の剥ぎ取られ方にもよるが,少なくとも一時期は降水の表面流による土壌の

侵食・流出の危険性が高まる．また，皆伐林の伐採後は地中の根が年月の経過とともに腐食して土壌の緊縛力が低下する一方，植栽された樹木の根の緊縛力がすぐにそれを補える状態にはならないので，その端境期にあたる伐採後5～15年の間は山地崩壊の危険性が高まるとされている．このような事態は，択伐林や天然林では起こりえない．

土壌への水の浸透性は，同じ針葉樹の樹冠閉鎖後の皆伐林と天然林とではあまり差がないが，落葉落枝の分解が順調で，孔隙が多くて保水力の高い団粒構造の土壌が発達しやすい広葉樹林の方が針葉樹林よりも高いとされている．これよりすると，土壌への水の浸透性の高さは皆伐林と択伐林といった林型の違いではなくて，広葉樹が混交しているかどうかによって左右されるところが大きい．広葉樹の混交は皆伐林よりも択伐林や天然林の方が容易で，その意味では皆伐林よりも択伐林や天然林の方が優位にある．

森林における樹冠からの蒸散量を支配するのは樹冠表面積合計とみられる．樹冠が上下に分散している森林では，上層の樹冠に比べて下層の樹冠での蒸散量は30％ほどにまで低下するというが，このような蒸散量の低下は陽樹冠と陰樹冠の間でも考えられる．全樹冠や陽樹冠の表面積合計の差異および上層木と下層木や陽樹冠と陰樹冠における蒸散量の違いを考え合わせると，樹冠の閉鎖以前では皆伐林が択伐林よりも少ないにしても，樹冠閉鎖以後の皆伐林と択伐林における蒸散量の大小関係はにわかには判断できない．

根の張り方については，皆伐林では林齢によって異なるとされ

ているが，その他のことはよく分かっていない．ただ，同じ大きさの立木が揃っている皆伐林よりも，大小の立木が混在する択伐林や天然林の方が全体的に崩壊防止機能の高い根の張り方をしていることは想像される．


## （2） 生活環境保全

　生活環境保全の機能は，気候の緩和，大気中の汚染物質の吸収・塵埃の吸着といった樹木の生理的な働きと，風・雪・音・水・火・霧・乾燥・飛砂・落石などの天然や自然の現象に伴う災害を阻止する物理的な働きとに類別できる．

　樹冠は日射や熱を吸収して蒸散を行うので，森林内やその周辺には気温の格差が少なくて湿度の若干高い独特の空間ができる．これが気候緩和の効果で，樹高が高くて樹冠の多い森林ほどその効果が大きいとされている．汚染物質の吸収・塵埃の吸着といった大気浄化の効果が期待できるのは，一定の広がりを持つ密な森林の内部に限るとされているが，この効果も樹冠の多さによって左右されるとみられる．樹冠の生理的な働きを支配するのは樹冠表面積合計で，下層木や陰樹冠ではその働きが低下するとすると，樹冠の閉鎖以前では皆伐林の生理的な働きが択伐林に劣るにしても，樹冠の閉鎖後では両者における優劣はあまり無いとみられる．

　防風・防音などの物理的な働きは，樹種は単一であっても良いが常緑樹であることが望ましい．目的とする働きの種類によっては樹種による適・不適もあろうが，全樹冠の体積合計が多くて上

から下まで垂直的に広く分布している方が物理的な働きは高いとみられる．先に述べた樹冠の垂直的分布の状態と全樹冠の体積合計の違いからすると，物理的な働きは樹冠の閉鎖以前はもちろん，閉鎖以後においても皆伐林が択伐林よりも劣ることになる．

樹冠の閉鎖後における優劣はともかくとして，樹冠閉鎖以前での皆伐林における生活環境保全機能が択伐林に劣ることは確かである．すなわち，皆伐直後には無立木状態となるために皆伐林の生活環境保全の効果が全て消滅してしまうし，その後も樹冠が閉鎖するまでは樹木が小さくて樹冠の発達が不十分な状態が続くので皆伐林の生活環境保全機能は著しく低下する．


（3） 地球の温暖化防止

数億年から数千万年にわたる植物の光合成によって作り出された炭素化合物である化石燃料（石炭・石油・天然ガス）が，18世紀に始まった産業革命以降，大量に消費されるようになったのに加えて，二酸化炭素の吸収量の多い熱帯林の減少が急速に進んだために，二酸化炭素の大気中濃度が上昇し続けている．二酸化炭素は太陽からの光は良く通すが，地面から反射する熱は通し難いという性質を持っているために，大気中の二酸化炭素の濃度が上がれば地球全体の気温が高まるという地球温暖化が起こる．そして，地球温暖化による海水面の上昇や気候変動による農作物への影響などが懸念されている．

森林は光合成によって大気中の二酸化炭素を吸収し，呼吸・落葉・枯死などによって二酸化炭素を放出するが，吸収量が放出量

よりも多いので炭素が固定され,大気中の二酸化炭素の濃度が低下して地球温暖化の防止に役立つというわけである.ただし,森林は炭素をある期間貯留しているだけで,森林の消滅や伐出された木材の燃焼・腐朽によって固定された炭素が放出されてしまった後では,炭素収支は0となる.したがって,化石燃料の消費量削減のような根本的・永続的な二酸化炭素の濃度抑制策とは違って,森林の二酸化炭素吸収による地球温暖化防止策は一時しのぎの対症療法であることには注意する必要がある.

　森林の炭素固定量は気候・環境条件,林木構成,生育段階などによって異なるが,年間の炭素固定量は年間の林分材積成長量にほぼ比例するという見方がある.そうだとすると,林分材積成長量と同様に炭素固定量を支配するのは陽樹冠表面積合計ということになる.そして,先に述べた皆伐林とヨーロッパ方式の択伐林における年間の平均幹材積生産量の大小関係からすると,皆伐林の年間の平均炭素固定量は択伐林と同等ないしは若干劣ることになる.また,天然林の林分材積成長量はヨーロッパ方式の択伐林の半分ほどであるとの報告があることを先に述べたが,この格差からすると天然林における年間の平均炭素固定量はヨーロッパ方式の択伐林や皆伐林の半分程度しかないことになる.

## (4) 野生生物保護

　植物と動物が一体となって成り立っているのが森林という生態系で,そこでは植物と動物は相互依存の関係にあり,いくつかの食物連鎖を構成し,特定種の異常な増加を防いで生態系としての

一定のバランスが保たれている.

　原生林や天然林は,そこに生育している植物のみならず生息する動物にとっても長年にわたり馴染んできた好適な環境であり,野生動植物の種と遺伝子は多様で,個体数も多い.これに比べると,単一の樹種で構成される皆伐林では種と遺伝子の多様性は著しく劣り,植栽樹種を除けば個体数も乏しくなる.しかも,立木の皆伐は動植物の生存に大きな影響を与えることが確かである.大量の皆伐林の出現や放置された里山林の荒廃による森林環境の急変が,絶滅種や絶滅危惧種の増加につながっているという.これに対して,択伐林では取り扱い方によって樹種を混交させ,種を多様にし,各種の個体数を増やすことは十分に可能である.したがって,野生生物を保護するには皆伐林よりも択伐林の方がはるかに好ましい.

## （5）　景観維持とレクリエーション利用

　風景・風土の維持,保養・行楽の場の提供など,人間が森林から癒しや安らぎを得ることによって成立する機能である.本来は,森林がもたらす景観としての効果すなわち風致効果だけでなく,森林に付随する周辺の爽やかな空気,美しい草木,野鳥や虫の声,自然と草木の匂いなども含めて評価すべきであろう.しかし,ここでは個々の樹冠やその集合体である林冠の状態が決定的な要素となる風致効果について考える.

　森林の風致効果は,構成木の樹種,大きさ,密度などの違いから生じる外観的様相によって決まる.国立公園の特別地域の多く

がそうであるように，天然林の景観が高く評価される一方で，人工の極致ともいえる京都市北山の床柱用磨き丸太生産用の皆伐林のユニークな眺め（写真 II-3 を参照）や，よく手入れされた皆伐林（口絵 2，写真 II-4 を参照）の美しさもまた格別のものである．

森林の様相に対する好みには国民性による違いもみられ，日本人はどちらかといえば雑然とした天然林よりも，立木が整然と林立する皆伐林の景観を好むことが指摘されている．1987 年に京都市の西端に位置する京都府立大学の大枝演習林内に「洛西散策の森」が設けられたのを機会に，近くの団地などからの来訪者を対象に，散策道沿いの森林についての好みをアンケート調査したことがある．その結果でも，広葉樹が主体の雑然とした天然林よりも，ある程度の林齢に達したスギ，ヒノキの皆伐林を好む人が多かった．

天然林における針葉樹と広葉樹が混交した林冠がもたらす構成的・色彩的な美しさと，皆伐林における大きさの揃った樹冠が整然と並んだ美しさとは異質のものである．個人的な好みもあり，両者の風致効果に優劣はつけ難いにしても，天然林や択伐林には皆伐林には見られない二つの利点がある．一つは，皆伐林には必ず無立木状態の時期が出現して風致効果が大きく損なわれるが，天然林や択伐林ではそのような状態は起こらないということである．もう一つは，天然林や択伐林では樹種の混交によって風致効果を高めることができるが，皆伐林ではこれは無理であるということである．

＊

以上のことからすると，地球の温暖化防止については皆伐林と

**写真Ⅵ-1●八幡平のアオモリトドマツ天然林**
　　アオモリトドマツは，本州中部以北の標高の高い所に自生している代表的な針葉樹である．上の写真は山頂（標高1613メートル）近くのガマ沼周辺の風景で，立木の樹冠の形はいびつで，樹高は低い．下の写真は，山頂から少し下がった所にある湿原の周りの状態で，山頂付近とは生育環境が違うためであろうが，樹冠の形がすっきりするとともに，樹高は高くなっている．

択伐林における優劣の差は比較的少ないが，天然林はこれらよりも劣る．しかし，その他の環境保全の機能では，一時期にしろ林地を裸出することのある皆伐林よりも，常に樹冠が林地を覆っている択伐林や天然林の方が全体的に優れていて，択伐林と天然林における機能の差は少ないとみられる．

# 3 林冠管理による機能の向上

環境保全機能の向上を図る方法として，皆伐林の環境保全機能を高めるために下層広葉樹の自生を促すことや，森林の風致効果を高めるための樹種の混交が考えられている．以下，これらの方法について述べる．

## （1） 下層広葉樹の自生による環境保全機能の向上

皆伐林の間伐が遅れて過密状態になると林内が暗くなり，下草や低木が生育できなくて林地が剥き出しになるために，表面土壌が侵食を受けやすくなる．このような状態の森林の出現を避けるには，下層広葉樹の自生を図るのが望ましいとされている．下層広葉樹の自生と混入を図れば，林地の侵食が防げるのみならず，落葉落枝の分解が促されて土壌の団粒構造が発達して孔隙が多くなり，降水の地中への浸透が良くなって水土保全機能が高まる．また，植栽木の樹冠が欠如している下層部での防風・防音などの効果も高まり，構成樹種が多様化することによって野生生物の保

護にもつながるだろう.

　普通の密度管理状態にある大分県玖珠のスギ皆伐林では,樹冠閉鎖の当初には1ヘクタール当たりの樹冠基底断面積合計が8000平方メートルにまで増加するが,その後は減少して4000〜5000平方メートルで推移していることを先に述べた.しかし,筆者の測定結果によると,間伐が行われていない森林とか不十分な森林では,樹冠閉鎖後における樹冠基底断面積合計の減少はほとんど起こらず,1ヘクタール当たりの樹冠基底断面積合計は7000平方メートルを超えて8000平方メートル近くの値を示すこともある.皆伐林では樹冠が上下重複することはほとんど無いので,樹冠閉鎖後の樹冠基底断面積合計の林地面積に対する割合は40〜80％,その裏返しである林地の露出面積率は20〜60％と,間伐の状態によって大きく異なるのが実態である.

　きちんと調査したわけではないが,筆者の経験からすると,スギやヒノキの皆伐林における下層広葉樹の自生は,1ヘクタール当たりの樹冠基底断面積合計が5000平方メートル前後であればかなり見られるが,7000平方メートル以上ではほとんど見られなくなる.すなわち,下層広葉樹の自生を図るには1ヘクタール当たりの樹冠基底断面積合計を5000平方メートル前後,林地の露出面積率を50％前後には保つ必要がある.

　樹冠基底断面積合計そのものを測定することは厄介であるにしても,樹冠基底断面積合計の林地面積に対する割合や林地の露出面積率なら比較的簡単に測れる.すなわち,林内の多数の点で目測または直角儀などの器具によって地上から垂線を立て,それが樹冠内と空のいずれに当たるかを判定し,視線が樹冠内に当たっ

## 第Ⅵ章　林冠の状態と環境保全機能

た地点数の全地点数に対する割合を求めれば樹冠基底断面積合計の林地面積に対する割合が，また視線が空に当たった地点数の全地点数に対する割合を求めれば林地の露出面積率となる．ただし，先に指摘したように地上から立てた垂線が，葉の着生密度の低い樹冠のごく先端にかかっているものまでも樹冠内にあるものと判定すると，樹冠基底断面積合計の林地面積に対する割合は過大に，林地の露出面積率は過小に評価されることになるので，この点は注意を要する．

スギ皆伐林の固定試験地における間伐前後の調査によると，林齢23年に本数で26％の間伐をして1ヘクタール当たりの樹冠基底断面積合計を7500平方メートルから5700平方メートルに減らしても，間伐木の周辺木を中心に樹冠が大きくなって，3年も経てば樹冠基底断面積合計は元の値に回復した．この樹冠基底断面積合計の回復状態を考えると，1ヘクタール当たりの樹冠基底断面積合計を5000平方メートル前後，いいかえると林地の露出面積率を50％前後に保つには，かなり頻繁に間伐を繰り返すことが必要となる．これは，普通に行われている間伐の実施間隔からすると，大変な作業となる．

下層広葉樹を自生させるために1ヘクタール当たりの樹冠基底断面積合計を5000平方メートル前後に保った場合，普通の場合に比べれば樹冠基底断面積合計，ひいては陽樹冠表面積合計と幹材積成長量の減少を伴うことは避けられない．すなわち，下層広葉樹の自生を図ることによって，幹材積成長量が犠牲になるとみられる．

これらに加えて，もう一つ指摘しておかねばならないことがあ

る．それは，密度を高くして樹冠の大きさを小さく抑え，肥大成長を抑制することによって独特の形質の幹材を生産している京都市北山の床柱用磨き丸太生産林や奈良県吉野の優良な建築用材生産林では，下層広葉樹の自生を図ることは難しいとみられることである．

京都市北山の床柱用磨き丸太生産林では，正方形結合の場合と同じ樹冠直径を保った状態での単位面積当たりの立木本数すなわち柱材の生産本数を増やすために，立木位置が正三角形結合（図III-15 を参照）をなすように植栽されている．この場合，樹冠間隙が 0 の状態での 1 ヘクタール当たりの樹冠基底断面積合計は 9,070 平方メートルと正方形結合の場合よりも多くて，その林地の露出面積率は 10 ％となる．しかも，樹冠が閉鎖しても間伐はしないのであるから，林地の露出面積率はかなり低い値で推移することになり，下層広葉樹の自生はほとんど見られていないのが現実である．これは，林地の露出面積率を 50 ％にすることはできず，林地の露出面積率を大きくして樹冠間隙を広げると樹冠が大きくなりすぎて，現在のような形質の幹材は生産できなくなることを示唆している．

また，密度を高くすることによって幹材の形質の向上を図っている奈良県吉野の優良な建築用材の生産林でも，高齢になれば下層広葉樹の自生も見られるが，林齢数十年の段階までは下層に広葉樹がほとんど自生していないのが普通である（写真 II-4 も参照）．したがって，その幹材の形質を保つためには林地の露出面積率を 50 ％にして下層広葉樹の自生を図ることは難しい．

すなわち，これらの特殊な形質の幹材の生産林では，下層広葉

**写真Ⅵ-2●奈良県吉野の林齢 50 年のスギ皆伐林における地表の状態**
高い密度管理状態にあるためか,地表には下層広葉樹の自生が認められない.これは,写真Ⅱ-4 の林齢 80 年の森林でも同様である.
(和口美明氏撮影)

樹の自生を図って環境保全機能の向上を図るような林冠の管理は許されないということである.

　以上のことからすると,下層広葉樹の自生を図ることは普通の密度管理状態の皆伐林でなら可能ではあるが,幹材積成長量の犠牲を伴う上に,かなり頻繁な間伐を必要とするだけに実行は大変である.そして,京都市北山の磨き丸太生産林や奈良県吉野の優良建築用材生産林といった特殊な用途の材の生産林では不可能である.したがって,下層広葉樹の自生による皆伐林の環境保全機能の向上には限度があり,あまり多くを期待することには無理があるとみられる.

なお，ヨーロッパ方式の択伐林での林地の露出面積率は15％程度と見込まれ，皆伐林での露出面積率よりも少ないにもかかわらず，後継樹の成育が可能なばかりか，下層にかなりの広葉樹の自生も認められた．皆伐林では樹冠が限られた層に集中しているのに，択伐林では垂直的に広く分散しているために，露出面積率の割に林内の日射量は択伐林の方が皆伐林よりも多くなり，このような結果になったのであろう．

## （2） 樹種の混交による風致効果の向上

植生の遷移が安定状態に達している森林であれば，その樹種の混交状態を維持することは容易である．しかし，植生遷移の途中にある森林では，樹種の混交状態の現状を維持するのは難しいようである．

天下の名勝京都市嵐山は，保津川下りで知られた大堰川，渡月橋およびその周辺の森林で構成されており，右岸の森林における常緑のアカマツと春はサクラの花，秋はモミジの紅葉とのコントラストの美しさで有名である．（口絵4を参照）この森林は天然のものではなく，山と川が形づくる地形的な景勝地に，足利尊氏が13世紀に天竜寺の借景として吉野山からサクラを移植したのが始まりであるとされている．しかし，シイやカシ類などの常緑広葉樹を原植生とする暖温帯に属しているために，植生の遷移にしたがってこれらの常緑広葉樹が多くなることは植生の遷移からして自然の推移である．このため，すでに昭和の初期からアカマツの減少を食い止めるような森林の取り扱いが試みられているが，

陽性の強いアカマツの後継樹はうまく育たず，サクラの病虫害による枯損などもあって，美しさの象徴である山中のアカマツとサクラ，さらにはモミジの減少が問題となっている．植え込みによるこれらの樹種の導入が試みられたが，風致を損なうので生育に邪魔な樹木の目立った伐採は許されないこともあって，思うに任せないようである．

　このような遷移途中の森林において樹種の混交状態を現状のままで維持したい場合に肝要なことは，まず目的とする樹種の混交を維持することが，森林の生態的見地からして実現可能なものかどうかを見極めることである．混交樹種の中に耐陰性のかなり異なるものが含まれている場合には，耐陰性の強い樹種の下での陽性の強い樹種の更新と生育は望めないので，単木的な混交は諦めて，それぞれの樹種よりなる樹木群を作り，その群単位での更新と樹種の混交を図ることを考えるべきであろう．そして，森林の生態的見地から実現可能と見込まれたものについても，上層木の単木的ないしは群状の択伐を前提とした，長期にわたる周到な林冠管理による後継樹の育成計画が不可欠であろう．

# 第Ⅶ章 | *Chapter VII*

# 究極の森林―択伐林

　森林は，原生林や天然林のような人手のあまり加わっていない自然的な森林と，皆伐林や択伐林のようなかなり人手の加えられた育成的な森林とに大別できる．そして，択伐林にはヨーロッパ方式のものとナスビ伐り方式のものとがある．これまでに述べたように，生産された幹材の形質については一長一短があり，択伐林と皆伐林における優劣はつけ難いにしても，ヨーロッパ方式の択伐林の木材生産量は皆伐林と同等ないしはそれ以上で，自然的な森林よりも優っている．また，環境保全機能については，自然的な森林と択伐林とではほとんど違わないが，皆伐林はこれらよりも劣るとみられる．すなわち，自然的な森林と皆伐林は木材生産と環境保全のどちらか一方の機能には優れていても他方の機能では劣っており，木材生産と環境保全の機能を高い水準で兼備しているのはヨーロッパ方式の択伐林だけである．したがって，木材生産と環境保全の両機能を果たすべき森林としてはヨーロッパ方式の択伐林が最も望ましい状態にあり，「究極の森林」ということになる．

　にもかかわらず，先に述べたようにヨーロッパ方式の択伐林はきわめて少なく，全森林面積の4割が皆伐林，6割が天然林で，

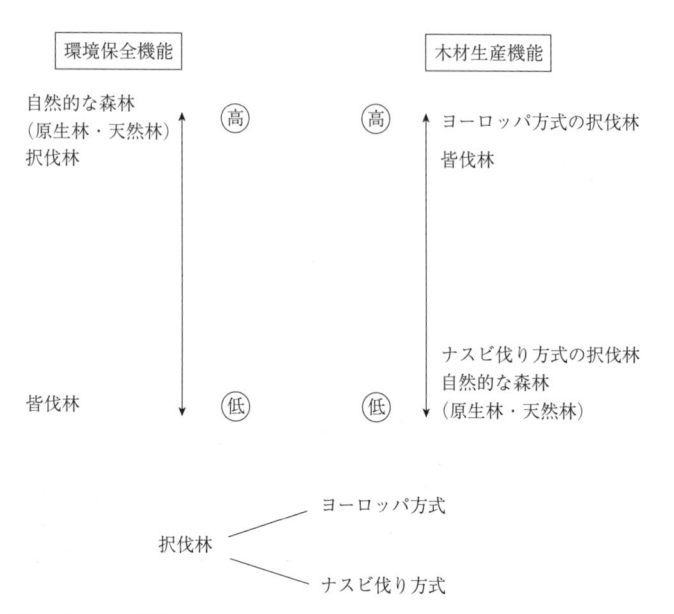

```
環境保全機能                      木材生産機能

自然的な森林        高      高    ヨーロッパ方式の択伐林
(原生林・天然林)                  皆伐林
択伐林


                                  ナスビ伐り方式の択伐林
                                  自然的な森林
皆伐林              低      低    (原生林・天然林)


                        ── ヨーロッパ方式
            択伐林
                        ── ナスビ伐り方式
```

**図Ⅶ-1** ●森林の機能

しかも天然林の大半は放置されて荒廃した状態にある旧薪炭林であるというのが現実である．ヨーロッパ方式の択伐林が少ない主な理由として，皆伐林に比べて施業が難しいとか，木材生産の経営収支が不透明であるといったことがあげられているが，これらの点については以前に比べると状況が変わっている．

そこで，本章ではヨーロッパ方式の択伐林における施業の方法と木材生産の経営収支についてあらためて検討するとともに，この択伐林の持続性と健全性および導入と拡大によって生じる効果について述べる．本章で，以下択伐林と呼ぶのはヨーロッパ方式の択伐林のことである．

# 1 施業の方法

　皆伐林は構成樹種が単一で，同齢のほぼ同じ大きさの林木の集団となり，間伐を中心とする植栽木の保育技術も確立されていて，その施業は比較的簡単かつ容易である．これに対して，大小の立木が混在していて，樹種が混交していることもある択伐林の施業は簡単ではなく，後継樹を確保しながら高い林分材積成長量を保持することには技術的な難しさを伴う．ヨーロッパのように実績が無く，信頼できる基準的な胸高直径分布モデルも与えられていないわが国では，皆伐林に比べると照査法による択伐林の施業は大変となる．照査法といえば実行が難しいという理由で敬遠され，実用的な森林の施業方法としては否定的な見方さえされてきたのが現実ではなかっただろうか．

　ところが，先に提示した樹冠の空間占有モデルを利用すれば，択伐林の施業の難しさはかなり緩和できる．樹冠の空間占有モデルの鍵は，樹冠基底断面積合計の垂直的配分を一様に保つことと，樹冠基底断面積合計が一定の上限値を超えないようにすることとにある．構成樹種がスギ・ヒノキだと，樹冠の空間占有モデルでの1ヘクタール当たりの樹冠基底断面積合計の上限値は1万2000平方メートル（先に述べたような関係から，樹冠投影面積合計では1万5000平方メートル）である．この上限値はスギやヒノキよりも耐陰性の高い樹種ではより大きく，逆に耐陰性がより低い樹種ではより小さくなるにしても，樹冠基底断面積合計の垂直的分布の一様性が必要であることは，構成樹種に関係なく共通して

いるとみられる．したがって，提示した樹冠の空間占有モデルは，他の構成樹種についても原則的には広く適用できよう．

そして，きちんと量的に測定しなくても，樹冠基底断面積合計の垂直的配分を一様に保つことは目視によって，また樹冠基底断面積合計が上限値を超えたかどうかの判断は後継樹の成長状態を観察することによって可能で，実用的にはそれで十分に樹冠の空間占有状態をモデルに近づけることができよう．すなわち，照査法による場合のように一定の間隔で多くの労力を使って調査を繰り返す必要はなく，随時目視と観察によって樹冠の空間占有状態と後継樹の成長状態をチェックし，樹冠の空間占有状態をモデルに近づけるようにすればよい．

また，目視と観察による樹冠の空間占有状態の管理は不安で，実行が難しいというのであれば，先に述べたように樹冠の空間占有モデルに胸高直径と樹冠基部高および樹冠基底断面積の関係を持ち込めば胸高直径分布モデルが算出できるので，これを求めておいて利用すればよい．すなわち，全立木の胸高直径を測定して胸高直径階別の本数を求め，これとモデルとの歪み具合から胸高直径階別の択伐本数と後継樹の必要本数を決めればよい．なお，後継樹を植栽し，自然的な枯損や択伐時における損傷が少なくなるようにきちんと保育している場合には，先の表III-1に示したように胸高直径の小さい小径木の立木本数はモデルほど多くなくても択伐林の維持に支障はない．

樹冠の空間占有モデル，胸高直径分布モデルのいずれを利用するにしろ，モデルからの歪み具合にもよるが，一度でモデルからの歪みを是正する必要はなく，徐々にモデルに近づけられるよう

に択伐木を調整し，後継樹の確保を進めればよい．試行錯誤的な方法を採っている照査法とは違って，目標が具体的に与えられているのであるから，択伐林の管理は照査法によるよりも単純かつ容易になるはずである．

　択伐によって是正すべき樹冠の量と垂直的配分または胸高直径階別本数の目安がつけば，次は具体的に択伐木を選定することになる．

　後継樹を植栽して集約な施業をしているスギ・ヒノキ択伐林で立木の配置を調査した結果によると，上・中層木を伐採した跡に後継樹を数本まとめて植栽している関係で，水平的な位置関係は下層木だけは集中性を示すが，中層木と上層木はほぼ規則的に分布しており，垂直的には下・中・上層木が互いに重複を避け合う状態になっていた．生育空間を最大限に利用できるようにするというヨーロッパ方式の択伐林の主旨からすると，各樹冠が集中することなく散らばっていて，隣接樹冠との競合が和らげられているような樹冠の空間的な配置になっていることが望ましいが，現行の択伐木の選定方法でそれが実現されていた．この結果は，現行の択伐木の選定方法が妥当であることとを示すものである．

　集約な施業をしているスギ・ヒノキの択伐林では枝打ちも行われている。枝打ちの目的は二つある．一つは，幹材の無節性向上のためである．このための枝打ちはとくに無節性が要求される柱材生産の段階に限られていることが多いようである．もう一つは，後継樹の生育に必要な林内の日射量を確保するためである．先に述べたように択伐林では陰樹冠があまり発達しないので，陰樹冠を対象とする枝打ちによって林内の日射量の増加はあまり期

待できないためか，林内の日射量の増加は枝打ちではなくて立木の択伐によって図ればよいという意識の強い森林所有者もいるようである．上層木になってからの枝打ちはさておき，少なくとも柱材生産の段階にある中層木までについては枝打ちをすることが望ましい．

　施業上における皆伐林に対する択伐林の一つの難点として，伐採・搬出と後継樹の更新の難しさがあげられている．

　伐採・搬出の難易を決める最大のポイントは全伐か抜き伐りかにあり，抜き伐りが全伐に比べて難しいことは言うまでもない．そして，同じ抜き伐りでも，皆伐林の間伐に比べると択伐林では後継樹を損傷しないような配慮が必要であるし，しかも伐採木には大きな木が含まれることになるから，技術的にはより難しいのは事実である．しかし，最近では作業道の開設が進み，小回りの効く集運材用の機械も開発されているので，皆伐林と択伐林の間における伐採・搬出作業の難しさの格差は以前よりもずいぶん縮まっている．そんなこともあって，愛媛県久万のスギ・ヒノキ択伐林での例であるが，上層木の抜き伐りによる下層の後継樹の損傷は，伐採時と搬出時を合わせて10％以下であったという．

　雑木・雑草が繁茂しやすいわが国では，天然更新にこだわるとスギやヒノキでは更新が難しくなる．しかし，植栽による場合には，皆伐林と同様に更新は容易で確実なものとなり，上層木の保護下で植栽木が生育できることになるので，むしろ皆伐林よりも択伐林の方が恵まれており，更新が難しいということにはならない．

　以上のことからすると，皆伐林の施業ほど簡単で易しくはない

にしても，現在では択伐林施業の難しさはかなり軽減されて，実行しやすくなったと判断される．

## 2 | 木材生産の経営収支

　立木は伐採され，一定の長さに切断されて丸太となり，これが市場に運ばれて売買される．丸太の単価は樹種，用途，大きさ，形質などによって変わるが，市場での丸太の売上金額は丸太の単価と量によって決まる．一方，立木の生産に要した生産原価に立木を伐採して市場まで運ぶのに要した伐採・搬出の費用を加えたものが丸太の生産に要した経費となる．木材の生産には少なくとも数十年，場合によっては百年を超える長い年数を要するので，期間中における賃金，金利などの関係要因の変化などを考えると立木の生産原価の計算は容易でないし，せっかく算出してもその有効性には疑問が残る．しかも，森林所有者にとって大切なのは，このような丸太の売上金額と生産に要した経費との収支ではなくて，丸太の売上金額と伐採・搬出およびその後の数年間にわたる更新・保育に要する金額との差額，すなわち伐採時における当面の収支で，これが赤字になるようでは伐採をしないのが普通である．

　木材需要の増大と単価の上昇に支えられて発展してきた皆伐林であるが，最近では皆伐林における木材生産の経営収支は厳しいようである．すなわち，材が小さくて形質が悪く，単価が安い間伐材では，材の売上金額が伐採・搬出の経費の合計金額を下回っ

て収支が赤字になるのが普通で、このために皆伐林では不可欠な間伐が滞りがちであるという．主伐の場合でも、材の単価がスギの2倍と高いヒノキではまだしも、スギでは材の売上金額が、伐採・搬出にその後の更新・保育を含めた経費の金額を下回って収支が赤字になりがちで、このために主伐後も再造林されずに放置されたままの伐採跡地も見られるようになっているという．このままだと、皆伐林という木材生産システムは経営的に成立しなくなり、この木材生産方式そのものを見直さざるを得ないことにもなりかねない．

　択伐林での伐採木は、皆伐林での主伐時に比べると量的に少なくて場所も分散することになるので、単位幹材積当たりの伐採・搬出の経費は皆伐よりも高くつく．しかし、択伐した立木の周辺だけで後継樹の更新を図ればよいので、皆伐林のように集中的に多額の更新・保育の経費を必要とせず、天然更新でなくて植栽によったとしても、必要とする更新・保育の経費はかなり安く、労力も少なくて済む．スギ択伐林では雑木・雑草の刈り払いや土壌の掻き起こしをしないと天然更新がうまくできず、人為的な補植を要することが多いので、このような作業を前提として、天然更新による場合と植栽による場合の後継樹の更新・保育の経費を比較すると、前者よりも後者の方が3割ほど安上がりであるという試算がある．そして、択伐林の伐採木の中には大径の単価の高い材が含まれていて、材の売上金額が幹材積の割には皆伐林よりも多くなる．これらのことを考え合わせると、同じ抜き伐りでも皆伐林における間伐のように択伐時における収支が赤字になる可能性は少ない．そればかりか、皆伐林の植栽から皆伐までの1生産

期間を通じての間伐も含めた総売上金額と伐採・搬出に更新・保育を含めた総所要経費との差額として求めた収益と比べても，その期間における択伐林の収益が皆伐林を上回る可能性が十分にありそうである．

もっとも，スギやヒノキの択伐林における木材生産の経営収支に関する実績はないので，この点については確認を要する．もし，それが皆伐林での木材生産における経営収支を上回るとしたら，択伐林が木材生産の経営収支の向上において果たす役割はきわめて大きいということになる．

## 3 │ 持続性と健全性

森林の経営においては，施業が容易であり，木材生産の経営収支が赤字にならないこととともに，森林の持続性と健全性が高いことも必要である．森林を持続するためには健全に保つ必要があり，健全な状態に保たなければ持続は図れないので，両者は表裏一体のものである．森林に異常な気象害や病虫害が発生したり，林地の生産力が衰える地力減退といった現象が見られたりすることは，森林の持続性と健全性が低下している証拠であるので，これらが生じないような森林の施業を行うことが肝要となる．

樹種が同じで大きさの揃った林木の集団である皆伐林は，人為的に造られたものであるだけに自然の森林からはかなりかけ離れた状態で，しかも一時的にではあるが皆伐によって林木の無くなる時期が必ずある．このために，植物，動物，細菌などによって

**写真Ⅶ-1** ●間伐が停滞したヒノキ皆伐林
写真の左の部分は間伐が停滞した過密の状態で,林木が細長いモヤシ状になり,下層広葉樹の自生も見られない.

構成された森林の生態系は大きくかく乱されて,病虫害が発生しやすくなる,皆伐時とその後のしばらくの間は落葉などによる有機物の供給の停止と表層土のかく乱や流失が起こって土壌が悪化する,根による土の緊縛力が低下して山地崩壊が起こりやすくなる,といった事態が起こる.また,間伐が遅れて過密状態になると,幹の直径成長が著しく抑えられて幹は細長いモヤシ状態となり,風や雪などの気象害を受けやすくなる.さらに,皆伐を繰り返すことによって土壌養分が収奪されて,地力の減退も起こる.

皆伐の繰り返しによる地力減退の例として,三重県尾鷲のヒノキ林があげられている.現在はヒノキの生産地として知られているが,皆伐林による木材生産が始められた17世紀にはスギが主

であった．しかし，スギの皆伐林の繰り返しによって養分が収奪されて地力の低下が起こったために，19世紀になるとスギほど高い土地の肥沃度を必要としないヒノキに切り替えられ，20世紀からはヒノキの繰り返し造林による地力の減退が問題になっている．ヒノキの落葉は分解され難くて雨で流亡しやすい上に，間伐などの手入れ不足から林内が暗くなると地床に植物が生育できなくなって地肌が剥き出しになり，表面土壌が侵食されやすくなることも手伝って，土壌の悪化と地力の減退が加速されたためとみられている．

これに対して，スギやヒノキの択伐林では後継樹の生育を確保するに必要な日射量が地床に達していて，下層には各種の広葉樹がかなり自生しているのが普通で，しかも皆伐林とは違って常に林地は林木で覆われている．このために表層土の流亡，山地崩壊，土壌の悪化，地力減退などが起こる危険度は低く，生態系としても皆伐林より安定している．したがって，森林の持続性と健全性は皆伐林よりも択伐林の方が高い．

# 4 導入と拡大の効果

施業は皆伐林ほど易しくはなく，遷移途中の森林における樹種の混交状態の維持には難しさを伴うこともあるが，高い幹材積生産量と環境保全機能を兼備しているのが択伐林である．木材生産と環境保全の機能の発揮は決して二律背反的なものではなく，択伐林の採用によって調和的に同時に発揮できる．しかも，木材生

産の経営収支は皆伐林を上回る可能性が見込め，持続性と健全性は皆伐林よりも高い．

　このような択伐林の導入と拡大による効果として，次のようなことを指摘しておきたい．

　森林を水源涵養・山地災害防止のための水土保全林，生活環境保全・保健文化のための森林と人との共生林，木材資源の循環利用林の三つに区分して，環境保全と木材生産の機能の充実を図ることが進められているが，この考え方には不安が残る．何故なら，一つの森林がいくつかの機能を兼務しているのが普通で，機械的に三つの森林に区分することは難しいし，とくに全森林面積の6割を占める私有林では，この区分がうまく適用できて現実に効果が発揮できるかどうかに疑問があるからである．頻繁な抜き伐りが必要であるために，伐採・搬出や地形的な条件にある程度恵まれていないと択伐林施業の実施は難しいにしても，林道や作業道の開設が進み，集運材機械が発達した現在では，択伐林施業を導入し，実施できる場所はかなり広がっている．したがって，このような三つの区分にこだわる以前に，木材生産と環境保全の両機能を兼備した択伐林の導入と拡大を図る方が，森林の機能を充実させるためのより実効のある方法であると考える．

　全森林面積の半分近くが環境保全機能を重視すべき森林として保安林に指定されているが，その1割が保安林としての機能を果たしていないという．保安林では原則として皆伐は禁止で，択伐によることになっているが，保安林の施業は森林所有者にとっては重荷で，択伐の仕方が良く分からないままに放置されることが多かったのが現状で，それがこのような事態を生んだとみられ

る．この事態を打開するには，ただ皆伐を禁止するだけではなく，きちんとした択伐林施業の実施をすべきである．それによって，保安林としての機能の向上が図れるばかりでなく，保安林の機能を損なうことなしに木材生産も可能となり，収益を伴うことも考えられないではない．そうなると，保安林に対する手入れが行われて，その機能はいっそう向上するという好回転につながる．

　皆伐林を増やしすぎて環境保全機能が損なわれたことへの反省から，木材生産の収支における黒字が見込めない皆伐林は放置して天然林に戻し，せめて環境保全の機能を回復しようという考えがあるようだが，これは無責任な話である．皆伐林を放置して天然林化すると，その途中で環境保全機能が損なわれる危険性があり，うまく天然林化できたとしても幹材積生産量の低下は免れない．現在の皆伐林を他の森林に変えようとする場合，木材生産機能は皆伐林に劣らず，環境保全機能は天然林に劣らない択伐林への転換が望ましいことは明らかである．

　皆伐林での主伐時期を，年間の平均幹材積生産量が最大になる林齢40〜50年あたりとする普通の伐期齢から，その2倍以上の林齢にまで遅らせる長伐期施業によって，環境保全機能が消滅する皆伐の機会を半分以下に減らすことが考えられている．しかし，皆伐によって一時期環境保全機能が消滅することに変わりはないし，先に述べたように主伐時期を遅らせるほど年間の平均幹材積生産量は低下する．収穫表によると，スギ林で伐期齢を現在の2倍に遅らせた場合の幹材積生産量の低下は1割を超えるようである．林齢40〜50年以降での立木の抜き伐りでは材の単価も

高くなり，伐採・搬出の経費がよほど高くつく場所でもなければ，伐採時における当面の収支が赤字になることは無いとみられる．したがって，皆伐林としての存続を前提に間伐を続けるのではなしに，択伐林への転換を前提としての抜き伐りと伐採木周辺での後継樹の植栽をし，択伐林化を図るのが賢明であろう．

　これまでの木材生産へのこだわりが環境保全機能を損ねたので，もっと環境保全機能を重視すべきであるという考え方には賛成である．しかし，木材生産よりも環境保全が大切で，なにはさておき環境保全をという考え方にはついてゆけない．木材生産の赤字は解消できなくて経営的には成り立たなくても，環境保全に役立っているからかまわない，ということではない．大した収益は上げられなくても，少なくても木材生産の経営収支が黒字でないと，それなりの出費を伴う環境保全機能の維持には手が回らなくなる．そして，森林所有者の森林経営に対する熱意が失われて手入れが不足し，森林は荒廃して，木材生産ばかりでなく環境保全の機能の低下にもつながるので，木材生産の経営収支はきわめて重要な問題である．その意味で，森林施業における重要な選択肢として植栽によるスギやヒノキの択伐林を取り上げ，皆伐林と択伐林における木材生産の経営収支を真剣に比較検討することを森林所有者に望みたい．

第Ⅷ章 | *Chapter VIII*

# 択伐林によせる期待

　森林の現状について，いろいろのことが問題になっている．不勉強で考えの至らぬ点もあるかもしれないが，本章では択伐林の導入と拡大の効果が期待できるいくつかの問題について，筆者の見解を思うままに述べさせてもらう．

## 1 | 国有林の役割と責任

　国有林は全森林面積の3割を占め，地域的には北海道・東北に集中していて，北海道・青森県・山形県では国有林の方が民有林よりも多くなっている．そして，国有林は奥地の天然林の割合が高くて，各種の環境保全機能を重視すべき保安林，景観の維持が大切な国立公園が多いこともあって，国有林からの木材生産量の全生産量に占める割合は面積の割に少なくなっている．

　明治維新以後，国有林は木材生産と環境保全の両機能の発揮，地元住民への就労の機会・場所の提供を通じての山村地域振興への寄与といった経済的・社会的要請に応えてきた．とくに，第二次世界大戦後の復興期から昭和30〜40年代の経済の高度成長期

にかけては，増大する木材需要に応えるために幕府・藩などから引き継いだ原生林やそれに準ずる天然林といった自然的な森林の伐採を進めるとともに，収益の一部を一般会計に繰り入れることにより国の財政にも貢献した．

しかし，この時代の過伐によって木材資源が少なくなったことに伴う伐採量の減少，安い外材輸入の増加とオイルショック以後の景気の沈滞による木材価格の低迷などによって，昭和50年以後の会計は赤字に転落し，平成10年現在で3兆8000億円の借金を抱えることになった．赤字の中の2兆8000億円は一般会計に肩代わりしてもらい，残りの1兆円については一般会計からの利子補給を受けつつ，特別会計となっている国有林野事業の収益から，経営努力によって50年かけて順次返済することになっている．そして，環境保全機能重視の世論を受けて，今後の国有林の在り方を木材生産よりも環境保全の機能の発揮に重点をおくことに方向転換し，全国有林面積の9割を環境保全林，1割を木材生産林とすることにしている．

このような現状にいたるまでには，森林の取り扱い方に関する二つの転機があった．

一つは，ヨーロッパでの照査法による択伐林の成功を受けて，大正末から昭和の初めにはヨーロッパ方式の択伐林をナスビ伐り方式の択伐林に代わって秋田，高知（魚梁瀬）のスギ林などに導入することが論議され，実行されようとした．しかし，まもなく第二次世界大戦に突入して大量の木材需要が発生したために，これが頓挫したことである．

もう一つは，第二次世界大戦後の木材需要の増大に応えるため

に，ナスビ伐り方式の択伐林や奥地の天然林の皆伐林への切り替えを進めたことである．当時は天然林の皆伐林への切り替え，皆伐林での密植・施肥・育種などによって生産量の倍増がもくろまれたが，これがもくろみどおりに行かなかったことが国有林の木材資源が少なくなった大きな原因とみられる．

もし，択伐林の導入が頓挫せずに成功し，ナスビ伐り方式の択伐林や天然林の皆伐林への切り替えがなかったならば，国有林の現状はかなり違ったものになっていたはずである．

それはともかく，管理機構の改革や人員削減などによる必要経費の節減を行ったとしても，はたして予定通りに赤字の解消ができるのであろうか．木材生産林の面積はこれまでよりも格段に少なくなる上に，環境保全林の維持にかなりの経費がかかることを考えると，不安が感じられて仕方がない．環境保全林と木材生産林に分けて，前者では木材生産は犠牲にしても環境保全機能の高い非皆伐林を，後者では木材生産機能の高い皆伐林を採用して，環境保全と木材生産の二つの機能を発揮させようという考え方は分からないでもない．しかし，それよりもできるだけ多くの森林をヨーロッパ方式の択伐林化して環境保全と木材生産の両機能を全体的に同時に高めるのがより確実で有効な方法で，こうすることによって木材生産量と環境保全機能が高まるばかりでなく，経営収支向上の可能性もある．上に述べた計画では，赤字の解消ができないばかりか，必要経費がなくて環境保全林も放置せざるを得なかったために環境保全効果も十分に果たせなくなり，もう一度一般会計からの援助をという結果になることが懸念される．

今後の国有林の在り方に関する論議の中では，旧国鉄のように

民営化する論議もあったようである．現在の計画が既存の国有林を守りたい一心から出た，確たる成算のない単なる妥協の産物ではあってほしくない．赤字は出さずに，環境保全と木材生産の機能をきちんと果たすのが国有林の役割と責任ではなかろうか．そのためには環境保全林，木材生産林を問わず，できるだけヨーロッパ方式の択伐林を積極的に導入・拡大してはと考えるが，これは無理な注文であろうか．

## 2 里山林の整備

里山というのは奥山に対する言葉で，里山林は人間の集落に近い森林という意味である．人里に近いために，里山林は人間の干渉を繰り返し受けてきた．そして，人間による里山林の利用状態も時代とともに変化してきた．その最大の転機となったのが，昭和30年代である．すなわち，ガス・灯油が薪炭に取って代わるという燃料革命が起こり，建築用材の2倍もあった薪炭材の需要は激減した．

当時は用材の生産力増強が叫ばれた時代であったので，薪炭林の中にはスギやヒノキの皆伐林に転換されたものもあれば，高度経済成長や都市への人口集中に伴って工場や住宅の用地に，さらにはゴルフ場に転用されたものもあるが，そのまま放置されて荒廃した状態になっている森林も多い．

里山林の現状は二つに類別できる．一つは，アカマツと広葉樹の混交林，カシ類，シイ類などの常緑広葉樹林，ブナ，ミズナ

ラ，クリ，クヌギなどの落葉広葉樹林といった放置された天然林で，その面積は全森林面積の3分の1もあるとみられている．もう一つは，スギやヒノキの皆伐林である．

天然林では，原植生である各種の広葉樹が残っていて故郷を印象付けるイメージが強く，野生生物の保護ばかりでなく，漁業との連携効果までも含めた幅広い環境保全効果が見込まれている．そこで，木材生産よりも，森林と人との共生に主眼をおいた保全整備が進められている．それには二つの方向がある．一つは，森林所有者や地元住民の生活と密着した生産的なもので，伝統的な民芸品・木工品の材料採取，山菜・キノコ類の生産，化学物質の吸着や水質浄化のための木炭生産，家庭園芸・緑化事業・有機農業・施設園芸に必要な腐葉土の材料である落葉などの収集の場として活用するものである．もう一つは，都市住民の憩いの場，都市と農山村の住民交流の場，自然観察や体験学習の場，地域の歴史・文化保存の場としての利用で，これは都市住民など地元住民以外の希望を受けた形の非生産的なものである．里山林に憩いを求める地域外の住民を呼び込み，地域の特産物の売上を促進して村興しを図るという構図は，確かに里山林の有効な利用につながる一つの在り方ではある．

里山林は人家に近くて，環境保全とくに水土保全に留意すべき立地にある．岐阜県今須や滋賀県谷口（田根）のスギ，ヒノキ林で択伐林が存続したのは，以前は天領でナスビ伐り方式の択伐林施業が行われていたこととともに，大水害を経験したことにあるといわれている．また，薪炭林で択伐が採用されていた例が見られるのも，そのためであろう．しかし，そうだからといって，森

林所有者はボランティアで森林を所有しているわけではないから,木材生産による収益があげられるに越したことはない.もっと木材生産に意を用いた里山林の整備が必要ではなかろうか.

幸いなことに,里山では奥山よりも林道などが整備されていて,立木の伐採・搬出に便利な所が多い.また,里山には所有規模の小さい民有林が多いが,これは人里に近いこととともに,手入れが行き届き易いことにつながる.このように,里山は択伐林施業に好都合な条件に恵まれている.そして,自然観察や体験学習の場としても,いろいろの森林を示すという意味で,天然林や皆伐林だけでなく択伐林も不可欠であろう.これらのことを考え合わせると,木材生産のためのスギやヒノキの皆伐林ではもちろん,民芸品・木工品,キノコ栽培,木炭生産などの材料・原木を供給するための広葉樹林においても,皆伐は止めてヨーロッパ方式の択伐林を導入・拡大することによって,木材生産と環境保全の両立を図るべきではないかと考える.

## 3 貴重な天然林の維持

高知県魚梁瀬のスギ天然林を例として述べる.

全面積の8割以上が森林であるという高知県では,木材は重要な資源であった.そこで,長宗我部元親の時代から,高知県東部に位置する魚梁瀬のスギ天然林に対しては保護政策が採られ,50年に一度の輪番制で一定の大きさ以上の大径木のみを抜き伐りし,後継樹は天然更新により育てるというナスビ伐り方式の択伐

を採用していた．この森林が木材の宝庫として注目され，大量に伐採されたのは，豊臣秀吉が京都の東山に大仏殿を建立した時である．関ケ原の合戦によって藩主が長宗我部氏から山内氏に代わったが，外様大名である土佐藩には，徳川幕府から駿府城，二条城，江戸城，禁裏などの普請や土木工事に莫大な献木が相次いで命じられ，藩内での土木工事への大量の木材使用もあって，輪番制の大径木の抜き伐りは守れなくなり，伐採につぐ伐採が行われた．このため，1730年頃には藩内に伐れる木が無くなったことを幕府に訴え出ており，魚梁瀬でも大きなスギの立木はほとんど伐りつくされたという．

しかし，その後はナスビ伐り方式の択伐をきちんと行うことによって，江戸時代末にはスギにツガ・モミ・ヒノキなども混交した立派な天然林の成立を見たといわれる．上層を占める大径のスギなどが伐りつくされた後，尾根筋を中心に天然更新によって後継樹がうまく育ったことについては，上層木が少なくて林内の日射量が十分な上に，年平均気温が14〜15度と高くて落葉落枝の分解が早く，しかも年降水量は4000〜5000ミリメートルと多くて，中腹斜面の傾斜は平均40度と急であるために分解された粗腐植物質は流下しやすいといった気候的・地形的条件が，落下した種子の発芽・定着に好都合に働いた結果であるいう見方がされている．

旧藩有林であった魚梁瀬のスギ天然林は，明治維新によって国有林となった．昭和初期には，ヨーロッパにおける照査法による択伐林施業の成功を受けて，樹冠の空間占有状態のモデル化とこれに基づく胸高直径分布モデルが考えられ，ヨーロッパ方式の択

伐林の導入に着手した．しかし，まもなく第二次世界大戦に突入したために，頓挫を余儀なくされた．大戦後は，天然林の人工林への切り替えが強力に進められたために，天然林の面積は10分の1にまで減少した．

　魚梁瀬のスギ天然林を代表するのが千本山保護林で，ヤナセスギ，トガサワラ，モミ，ツガ，ヒノキ，コウヤマキの魚梁瀬の6木を始めとする120種を超える樹木が自生している．この森林が学術参考保護林に指定されて以来90年ほどになるが，伐採などの人手は一切加えられなかったために，現在では上層は樹齢200〜300年のヤナセスギを主とする巨木で覆われ，下層は樹高15メートル以下の広葉樹ばかりで，ヤナセスギの後継樹はほとんど見られない森林となっている．この結果は，この森林が植生の遷移における極相の状態にはなかったことを示すと同時に，このまま放置したのではヤナセスギはやがて姿を消してしまい，広葉樹ばかりの森林になるであろうことを示唆している．保護の名のもとに森林を放置することが，本当の保護にはつながらないことを示す好例ではなかろうか．保護林では立木の伐採が許されないので，比較的上層木が少なくて明るい場所を選んでヤナセスギの苗木の植栽をして後継樹を育てることが試みられているが，日射量不足からか枯損するものが多くて，事はうまく運んでいないようである．

　千本山保護林に限らず魚梁瀬のスギ天然林の現状は，スギなどの多数の大径木が上層を覆い，その後継樹はほとんど無くて，下層には広葉樹が密に生えているという状態で，スギなどの後継樹の天然更新による発生はまず期待できず，放置したのでは現状を

**写真Ⅷ-1** ●高知県魚梁瀬のスギ天然林・千本山保護林
　1918年に学術参考保護林に指定された森林で，もう90年近く放置状態にある．場所によって疎密の程度は異なるが，胸高直径100センチメートル，樹高が40〜50メートルに達するスギの巨木が林立しており，局部的には1ヘクタール当たりの幹材積合計が1500立方メートルという現存するスギ林としては最高に近い値を示す所もあるという．下層にあるのは広葉樹ばかりで，スギの後継樹はほとんど見られず，存続が懸念されている．（池本彰夫氏撮影）

維持することは難しい状態にある．上層木を抜き伐りして林内の日射量を増やし，天然更新が難しければ植栽によってでもヤナセスギなどの後継樹を確保しないと，ヤナセスギを始めとする針葉樹の後継樹を育てることはできないであろう．後継樹を植栽したのでは天然林とは呼べなくなるが，ヤナセスギなどを中心とした森林を維持したいのであれば，後継樹の植栽を伴う択伐林施業にするしかなかろう．

これは，魚梁瀬のスギ天然林に限ったことではなく，秋田のスギ天然林や木曽のヒノキ天然林についても言える．あくまでも自然のままでの推移を見るのが目的であるというのであれば話は別であるが，現状を維持したいのであれば放置状態におくことは危険である．存続を必要とする樹種は植栽してでも択伐林化を図ることが必要で，方法はそれしかないであろう．

## 4 景観の保全

日本有数の観光都市である京都市は盆地にあり，三方を東山，北山，西山と呼ばれる山々に囲まれている．それだけに，周辺の森林を中心とした景観が観光上極めて大きな役割を果たしている．

京都市内には約4万ヘクタールの森林があり，そのほとんどは民有林であるが，東山や嵐山といった目立つところには1500ヘクタールほどの国有林もある．シイ類などの常緑広葉樹を原植生とする暖温帯に属しているために，放置しておくとシイ類が増え

るのは植生の遷移にそった自然の推移である．温暖化の影響で，シイ類の自然分布の範囲は標高 200 メートルあたりまでであったものが，500〜600 メートルにまで広がったとも言われている．その結果，最近ではシイ類が増える一方でサクラやカエデといった落葉広葉樹が減少し，景観上好ましくない状態に変わりつつある．この状態を改善するために，東山国有林ではシイ類を伐採し，その跡にサクラやカエデを植栽する計画が進められており，民有林でも所有者の承諾を得て同様のことを試みているという．

京都市は 1966 年（昭和 41 年）に成立した古都保全法に基づいて，嵯峨嵐山など 2800 ヘクタールほどの森林と田畑を歴史的風土特別保存地区に指定している．筆者は広沢池から大覚寺・大沢池にかけての歴史的風土特別保存地区のすぐ近くに住んでいて，広沢池周辺は毎日の散歩道になっているし，たまには大覚寺・大沢池に向けて足を延ばすこともある．

広沢池の周りにはサクラが多い．そして，池の北側から愛宕山に連なる山々には天然のアカマツ林が最も多いが，スギやヒノキの皆伐林や竹林もあり，各種の天然の広葉樹も生えていて，サクラも点在している．このため，池畔と山中のサクラの薄いピンク，常緑針葉樹の深い緑，樹種によって微妙に違う広葉樹の新緑に彩られる春の眺めは美しい．秋になると，緑を留めるものから黄色，紅色などに変色する落葉広葉樹と樹種が多様で，全山紅葉とはいかないが，春とはまた違った美しい眺めを見せてくれる．山麓の南に広がる田園地帯の中の道を歩くと，市街地とは違った特有の空気と匂いがあり，少し高くなっている山麓沿いの道（千代の古道）からは田園地帯の田舎らしい風景が一望できる．この

**写真Ⅷ-2** ●京都市広沢池周辺の歴史的風土特別保存地区
　毎日の散歩で眺めている風景で,後方に見えるのは愛宕山(標高890メートル)である.山中には天然のアカマツ林が最も多く,植栽されたスギ林,竹林などがあり,各種の広葉樹も生えている.春には点在するヤマザクラと樹種ごとに異なる新芽の色が,秋には緑の中にある紅葉が目を楽しませてくれる.京都市をとりまく他の地域の森林に比べれば,景観的にはまだ恵まれているようである.

特別保存地区における森林管理の内情は知らないが,少なくとも現状の景観は維持してほしい.

　それにつけても思い起こされるのが,嵐山国有林の風致林である.常緑のアカマツと春はサクラの花,秋はカエデの紅葉とのコントラストの美しさで知られた天下の名勝であるが,すでに昭和の初めからアカマツの減少が問題となり,いろいろと対策が講じられてきた.しかし,結果的に事はうまく運んでいないようである.アカマツ,サクラ,カエデを常緑広葉樹林の中に混交させ,

その状態を維持していくことは生態学的に易しいことではないようである．

　景観保全のためには森林に人手を加える必要があることは確かである．その施業方法としては，単木的に，場合によっては群状に上層木の抜き伐りをし，その跡に景観上効果のある樹種の植栽を繰り返すという択伐林施業しか考えられない．

## 5 自然的な森林の生態保持

　森林では，樹木や草といった植物だけではなく，動物や微生物も含めた種類の異なる多くの生物が混在し，互いに関係と影響を持ちながら生き続けている．それが，森林の生態系である．そして，森林の生態を最も大きく左右するのは林木の構成状態である．

　原生林や天然林といった自然的な森林や，皆伐林や択伐林といった人間が育成した森林には，それぞれの生態がある．どの森林の生態が良くて，どの森林の生態が悪いというわけではない．しかし，皆伐林では異常な気象害や病虫害，地力の減退が起こりやすくて森林の持続性と健全性に欠けることを先に述べたが，これは皆伐林が自然からはかけ離れた状態であることに起因しており，皆伐林の生態には無理があることを示すものと受け取れる．これに対して，無理のないのが自然的な森林の生態である．

　自然的な森林では，異なる樹種の大小の樹木が混在するのが普通である．皆伐林はこのような森林にならないが，同じ人間が育

成した森林の中でも択伐林でなら，自然的な森林のような林木構成に近づけられる可能性がある．しかし，先の景観保全の所でも述べたように，樹種の混交を図り，それを維持するための具体的な方法はまだ手探り状態で，そのような択伐林施業は未完成である．

最近では森林の生態に関する研究が進み，多くのことが解明されてきているが，それが生態の解明に終始し，森林の生態を自然的な森林に近づけるのに活かされるのでなければ，何のための研究かということになるのではなかろうか．森林の生態に関する研究成果を，樹種の混交を図り，それを維持できるような択伐林施業の完成に向けて活用することが望まれる．うまくすれば，原生林に近い森林を択伐林施業によって人為的に再生することも夢ではなかろう．そのような択伐林の施業方法が開発されれば，それが人間の生活にもたらす効果はきわめて大きい．

木材生産と環境保全の両機能を高度に発揮することは無理だと思われていたかも知れないが，これまでに述べたように択伐林によればそれが可能である．さらに，樹種の混交を図り，自然的な森林に近い生態の森林をも択伐林施業によって人為的に作り出せるとなると，択伐林はまさに人間の智恵が生み出した最高の森林の施業方法ということになる．択伐林施業のさらなる発展を期待したい．

おわりに

　木材の需要増加と商品価値の上昇に支えられて，取り扱いが簡単な皆伐林が木材生産の主要な担い手として発展してきたが，その増大によって森林の環境保全の機能が損なわれるようになった．それに対する反省から，木材生産は犠牲にしてもとにかく環境保全をという風潮が強いが，その勢いに押されて今度は木材生産を疎かにするという愚を犯してはならない．木材生産と環境保全の機能が両立できるのは択伐林しかなく，その意味で択伐林は究極の森林である．

　そうだからからといって，全ての森林を択伐林にしろというのではない．自然のままの森林が少なくなった現在では，世界自然遺産に指定された白神山地のブナ林や屋久島のスギ林のような原生林に近い天然林は，野生生物を保護し，生物の種と遺伝子の保存に役立ち，美しい景観をもたらす貴重な森林資源として，また択伐林における樹種の混交状態の在り方を示すお手本として保護・保存すべきである．さらに，京都市北山の床柱用磨き丸太生産林や奈良県吉野の優良な建築用材生産林などのようなそれぞれの用途に適した材は，皆伐林でしか生産できない．森林は人間との係わりを通じて作り出された文化的創造物であるとする新しい森林文化論が提唱されているが，これらの皆伐林は用途に適した最高の材を生産するために，人間が長時間をかけて生み出した世

界に例を見ない最高傑作ともいえる森林で，立派な文化遺産として次代に引き継ぐべきものである．

これからの森林の在り方についてはいろいろの考え方があろうが，筆者は次のように考えている．原生林やそれに近い状態の天然林のような自然的な森林と，人間が生活のために作り出した皆伐林や択伐林といった育成的な森林のバランスをとることが大切である．そのためには，異常に多くなっている皆伐林と旧薪炭林の放置から生まれた天然林を減らし，これらの森林に択伐林を導入・拡大することが必要である．木材生産は皆伐林で，環境保全は天然林でという思潮が強いようであるが，森林には皆伐林と天然林だけではなく，択伐林もある．しかも，択伐林は高度の木材生産と環境保全の機能を兼備しているのであるから，今後の森林の在り方の核となるべきは，木材生産と環境保全のいずれかに弱点を持つ皆伐林や天然林ではなくて，択伐林である．「きちんとした択伐林の導入と拡大を」と言いたい．

それにつけても，森林の木材生産と環境保全の両機能を支配するのは樹冠である．木材生産の機能は幹によって判断できるにしても，環境保全の機能となると幹からでは判断ができない．これまでは，もっぱら幹に注目して行ってきた森林の施業であるが，木材生産と環境保全の両機能の充実を目指す必要のあるこれからの森林の施業では，樹冠に目を向けることが不可欠である．森林施業の真髄は樹冠管理にあり，それを適切に行うことが木材生産と環境保全の両機能を充実させ，さらには自然の生態に近い森林を育成する道ではなかろうか．

筆者は，他の人があまり取り上げていない幹形，樹冠，択伐林

のことを中心に研究してきた．これらのことを書いた本は少ないので，本書はそれなりの役目が果たせたのではないかと思っている．

　本書の第Ⅲ章から第Ⅴ章で述べた調査・研究においては多くの方々のご協力をいただいたが，とくに択伐林に関する研究成果の多くは愛媛大学の藤本幸司教授，山本　武助教授および当時同大学院に在学していた長男梶原規弘との共同研究によって得たものである．また，筆者は写真をあまり撮らない．そこで，ともに故人となられた京都大学時代の恩師岡崎文彬先生と京都府立大学時代にお世話になった大隅眞一先生の写真を使わせていただくとともに，友人，知人，京都府立大学の卒業生などにも写真の提供をお願いした．ここに記して，感謝の意を表する．

　最後になったが，本書に出版の機会を与えてくださるとともに，編集者としての立場から多くの貴重な助言をいただいた京都大学学術出版会の編集長鈴木哲也氏および編集に当たっていただいた高垣重和・斎藤　至の両氏に，心からお礼を申し上げる．

　　　　2007年9月
　　　　　京都・嵯峨野の自宅にて　　　　梶原　幹弘

## 参考文献 (括弧内のローマ数字は参考にした章を示す)

青森営林局 (1981)『津軽・下北地域 (ヒバ林) 森林施業基本調査報告書 (上巻)・(下巻)』青森営林局, (上巻) 169 頁, (下巻) 161 頁. (Ⅰ, Ⅱ, Ⅴ)

有光一登 (1998)「千本山が百本山に」『林業技術』678 号 40 頁. (Ⅷ)

安藤 貴 (1968)『密度管理』農林出版, 246 頁. (Ⅴ)

大分県 (1982)『スギ人工林収穫予想表』大分県, 170 頁. (Ⅴ)

大隅眞一 (1987)『森林計測学講義』養賢堂, 287 頁. (Ⅱ～Ⅴ)

岡崎文彬 (1951)『照査法の実態』日本林業技術協会, 121 頁. (Ⅰ, Ⅱ, Ⅶ)

岡崎文彬 (1955)『森林経営計画』朝倉書店, 282 頁. (Ⅰ, Ⅱ, Ⅶ)

岡崎文彬 (1970)『森林風致とレクリエーション―その意義と森林の取扱い―』日本林業調査会, 210 頁. (Ⅰ, Ⅲ, Ⅵ)

小沢今朝芳 (1968)『ドイツ森林経営史』日本林業調査会, 359 頁. (Ⅰ)

尾中文彦 (1950)「林木の肥大成長の垂直的配分」『京都大学演習林報告』18 号 1―51 頁. (Ⅳ)

小原二郎 (1984)『日本人と木の文化・インテリアの源流』朝日新聞社, 219 頁. (Ⅰ)

梶原幹弘 (1993)『相対幹形―その実態と利用―』森林計画学会出版局, 138 頁. (Ⅲ, Ⅳ)

梶原幹弘 (1995)『樹冠と幹の成長』森林計画学会出版局, 120 頁. (Ⅲ～Ⅴ)

梶原幹弘 (1998)『択伐林の構造と成長』森林計画学会出版局, 162 頁. (Ⅲ～Ⅴ)

梶原幹弘 (2000)『樹冠からみた林木の成長と形質』森林計画学会出版局, 139 頁. (Ⅲ～Ⅴ, Ⅶ)

梶原幹弘 (2003)『森林の施業を考える―機能向上と経営収支改善のために

―』森林計画学会出版局,110頁.(Ⅰ～Ⅷ)

加納　博(1983)「照査法に関する基礎的研究―北海道有林置戸照査法試験林の分析―」『北海道林業試験場報告』21号105―170頁.(Ⅴ)

狩野亨二(1963)『江戸時代の林業思想』巌南堂書店,490頁.(Ⅰ)

北村昌美(1981)『森林と文化』東洋経済新聞社,227頁.(Ⅰ,Ⅵ)

北村昌美(1995)『森林と日本人―森林の心に迫る―』小学館,410頁.(Ⅰ,Ⅵ)

高知営林局(1974)『魚梁瀬千本山保護林』高知営林局,239頁.(Ⅰ,Ⅱ,Ⅷ)

小寺農夫(1927)「擇伐林の型について」『林学会雑誌』9巻4号8―13頁.(Ⅰ,Ⅱ,Ⅲ)

木平勇吉(1994)『森林科学論』朝倉書店,182頁.(Ⅰ,Ⅵ)

京都府農林部林務課(1970)『山国地方スギ人工林林分収穫表』京都府農林部林務課,12頁.(Ⅱ)

斎藤正彦(1987)『森と文化』東京大学出版会,307頁.(Ⅰ,Ⅵ)

坂口勝美(1983)『新版スギのすべて』全国林業改良普及協会,629頁.(Ⅰ,Ⅴ,Ⅵ)

佐竹和夫・都築和夫・吉田　実(1982)「千本山天然更新試験地の調査」『昭和56年度林業試験場四国支場年報』3―6頁.(Ⅴ)

佐竹和夫・都築和夫・吉田　実(1984)「千本山天然更新試験地の調査」『昭和58年度林業試験場四国支場年報』5頁.(Ⅴ)

四手井綱英・林知己夫(1984)『森林をみる心・「森林と文化」国際シンポジウムからの報告』共立出版,254頁.(Ⅰ,Ⅵ)

白石　明(1955)「ヒバ多層林を主体とする穴川沢第一号試験地の施業経過」『林業試験場研究報告』78号17―25頁.(Ⅴ)

菅原　聰(1995)『遠い林・近い森―森林観の変遷と文明―』愛智出版,166頁.(Ⅰ,Ⅵ)

菅原　聰(1996)『森林・日本文化としての』地人書館,303頁.(Ⅰ,Ⅵ)

高原末基(1954)「スギおよびヒノキの枝打ちが幹の成長に及ぼす影響」『東京大学演習林報告』46号1―87頁.(Ⅳ)

只木良也(1996)『森林環境科学』朝倉書店,163頁.(Ⅵ)

塚本良則（1998）『森林・水・土の保全―湿潤変動帯の水文地形学―』朝倉書店，138 頁．（Ⅵ）

所　三男（1980）『近世林業史の研究』吉川弘文館，858 頁．（Ⅰ）

鳥羽正雄（1951）『日本林業史』雄山閣，238 頁．（Ⅰ）

中野秀章・有光一登・森川　靖（1989）『森と水のサイエンス』日本林業技術協会，176 頁．（Ⅵ）

日本学士院日本科学史研究会（1980）『明治前日本林業技術発達史』日本学士院日本科学史研究会，753 頁．（Ⅰ）

日本林業技術協会（1972）『林業技術史第 1 巻』日本林業技術協会，727 頁．（Ⅰ）

日本林業技術協会（1974）『林業技術史第 4 巻』日本林業技術協会，617 頁．（Ⅰ）

日本林業技術協会（1982）『複層林の施業技術』日本林業技術協会，164 頁．（Ⅰ）

早尾丑麿（1971）『日本主要樹種林分収穫表』林業経済研究所，235 頁．（Ⅴ）

半田良一（1990）『林政学』文永堂出版，311 頁．（Ⅰ，Ⅱ，Ⅷ）

藤森隆郎（2000）『森との共生―持続可能な社会のために―』丸善，236 頁．（Ⅰ，Ⅵ）

山崎栄喜（1949）「魚梁瀬地方におけるスギの法正擇伐林型について」『林業技術』97 号 9―11 頁，98 号 7―16 頁．（Ⅰ，Ⅲ，Ⅴ）

吉田正男（1929）「植栽木の林木構成状態に関する研究（Ⅰ）」『東京大学演習林報告』6 号 1―60 頁．（Ⅲ）

吉田正男・相川茂宣（1940）「植栽木の林木構成状態に関する研究（Ⅲ）」『東京大学演習林報告』29 号 47―92 頁．（Ⅲ）

吉田正男・平田種男（1955）「植栽木の林木構成状態に関する研究（Ⅵ）」『東京大学演習林報告』48 号 43―64 頁．（Ⅲ）

吉田　実（1991）「スギ択伐天然更新地における育林事業投入量の分析」『平成 2 年森林総合研究所四国支所年報』28―31 頁．（Ⅶ）

渡辺録郎・佐竹和夫（1964）「千本山天然更新試験地の調査」『昭和 38 年度林業試験場四国支場年報』1―11 頁．（Ⅴ）

# 索　引

[あ]
一斉林　42
異齢林　42
陰樹冠　65, 71, 73-77, 91-92, 102-103
枝打ち　25, 48, 104, 171-172
汚染物質の吸収　153

[か]
皆伐　25, 36, 48, 61
――林　9, 18, 25, 27-28, 33, 35, 40, 42, 45, 47-48, 54-56, 59, 73-74, 77, 87-93, 107-109, 119, 124-130, 133-139, 142-146, 149-150, 151-164, 173-174, 179, 193, 195-196
環境保全機能　3-4, 15, 36-38, 60-61, 147-165, 175-180, 182-183, 185, 194, 196
幹曲線　79, 81-85, 105, 110, 112
幹材積　31, 110-111
――生産量　58-59, 133-135, 142, 146, 179
――成長量　58, 102-105, 133-140, 161
幹材の形質　59-60, 123-130, 162
幹断面積成長量　102-104
幹直径成長量　104-105
間伐　25, 48, 172
完満度　59-60, 124-130
気候緩和　153
胸高形数　116, 120-121 →形数
胸高直径　49, 110-112
――分布　52, 54, 56-58, 95, 114, 170
極相林　42
形数　116

――表　116-119
景観維持　15, 17, 27, 37, 156-157, 164-165, 190-193
原生林　7-8, 42, 156, 193, 195-196
公有林　44
国有林　44, 181-183
混交林　42, 157, 164, 191-192

[さ]
山地の崩壊防止　151-152
里山林　10, 18, 20, 45, 184-186
収穫表　48
私有林　44
樹冠　5, 63-64, 101-102
――間隙率　87-90
――管理　196
――基底断面積　70-71, 87-90, 94, 136, 160-162
――曲線　79, 81
――形　64-66, 72-77
――体積　64-65, 71, 77, 91-93
――長　64, 70, 73-77
――直径　64, 70, 73-77
――投影面積　64, 70-71
――の空間占有状態　78, 87, 94-95, 169-170
――表面積　64-65, 71, 77, 91-93
――量　63, 78, 87-100, 149-150
樹高　49, 112
――曲線　54, 57, 114
シュピーゲル・レラスコープ　66-70, 85, 122
照査法　28, 49-52
人工更新　25, 41, 190

人工林 18, 25, 42, 44
薪炭材 11, 13, 16, 18, 23, 27, 35
森林 3
　──施業 25-26, 39-41, 169-173, 187, 191, 194
　──の生態 28, 154-155, 175-177, 193-194
水源涵養 15, 151
水土保全 26, 150-151
生活環境保全 26, 153-154
正形数 120-122 →形数
施業林 24-25, 42
遷移 42
漸伐林 40-41, 45
総収穫材積 55, 133-135, 137
相対幹曲線 82-85, 107-111, 117-119 →幹曲線
相対直径列 84-85, 107-109
相対陽樹冠曲線 81 →樹冠曲線
測高器 54

[た]
択伐 36, 61, 171-172
　──林 24, 26, 28-31, 33, 40-45, 49-52, 55-59, 61, 74-77, 94-100, 109, 118, 126-130, 140-146, 149-159, 164-165, 170-196
単純林 42
単層林 38, 42
地球温暖化の防止 154-155
地力減退 28, 176-177
天然更新 41
天然林 11, 33, 42, 45, 141, 152-153, 155-159, 188-190, 193, 195-196
同齢林 42
土壌の侵食・流出防止 151-152

[な]
年輪幅 59-60, 124-128

[は]
ビッターリッヒ法 122-123
複層林 37-38, 41
不斉林 42
保安林 3, 36, 61, 178-179
法正状態（法正林） 27-28
防風・防音 153-154
細り表 112, 115-119

[ま]
密度管理状態 48, 77, 109, 117, 124, 126, 130, 136-139
密度効果の法則 135
無施業林 42
無節性 124, 126, 129
木材生産機能 4, 15, 35, 38, 177-181, 183, 186, 194-196
木材生産の収支 37, 173-175, 183

[や]
焼畑 8-9
野生生物保護 156
用材 11, 13-14, 16, 18-19, 22-23, 27, 36, 48, 60
陽樹冠 65, 71-77, 90-93, 102
　──表面積 102-104, 110-111, 124, 135-139, 145-146, 161

[ら]
立木 3-4
　──の伐採 44
立木材積 109-110, 112, 115
　──表 112, 115-119
利用材積 109-110, 112
林冠 5, 147
輪尺 52-53
　ペンタプリズム── 85-86
林地の露出面積率 98, 149, 160-161
林分 55
　──構造図 78-81

林分材積　54, 58, 115, 122-123, 133, 140
　——成長量　133, 135-137, 140-145

林齢　28
連続層林　42

## 写真の撮影・提供者

岡崎　文彬　京都大学・名誉教授（写真Ⅰ-3，Ⅰ-4）

大隅　眞一　京都府立大学・名誉教授（写真Ⅲ-1）

池本　彰夫　高知大学・名誉教授（写真Ⅷ-1）

吉田　実　元森林総合研究所四国支所（写真Ⅴ-1）

中村　基　元岐阜県庁（写真Ⅲ-2）

和口　美明　奈良県森林技術センター（表紙カバー，口絵 1，写真Ⅰ-1，Ⅱ-4，Ⅵ-2）

大田　伊久雄　愛媛大学・農学部附属演習林（写真Ⅱ-2）

滋賀県湖北地域振興局森林整備課（写真Ⅰ-5）

その他の写真は著者撮影

## 梶原　幹弘（かじはら　みきひろ）

1933 年に高知市に生まれる．
1957 年に京都大学農学部林学科を卒業し，1962 年に同大学院博士課程修了．農学博士．
1962 年に京都大学農学部助手．1965 年に京都府立大学農学部講師，助教授を経て，1986 年に同教授．1997 年に退職して京都府立大学名誉教授．
専門は林木の測定・成長と森林の施業で，1992 年に森林計画学賞（第 1 回）を受賞．

### 【主な著書】

『森林計測学講義』（分担執筆，養賢堂，1987 年），『相対幹形 —— その実態と利用 —— 』（単著，森林計画学会出版局，1993 年），『樹冠と幹の成長』（単著，森林計画学会出版局，1995 年），『択伐林の構造と成長』（単著，森林計画学会出版局，1998 年），『樹冠からみた林木の成長と形質』（編著，森林計画学会出版局，2000 年），『森林の施業を考える —— 機能向上と経営収支改善のために —— 』（単著，森林計画学会出版局，2003 年）

**究極の森林** 学術選書 032

2008 年 3 月 10 日　初版第 1 刷発行

著　　　者…………梶原　幹弘
発　行　人…………加藤　重樹
発　行　所…………京都大学学術出版会
　　　　　　　　　京都市左京区吉田河原町 15-9
　　　　　　　　　京大会館内（〒606-8305）
　　　　　　　　　電話（075）761-6182
　　　　　　　　　FAX（075）761-6190
　　　　　　　　　振替 01000-8-64677
　　　　　　　　　URL http://www.kyoto-up.or.jp

印刷・製本…………㈱太洋社
装　　　幀…………鷺草デザイン事務所

ISBN978-4-87698-832-7　　Ⓒ Mikihiro KAJIHARA 2008
定価はカバーに表示してあります　　Printed in Japan

# 学術選書 [既刊一覧]

＊サブシリーズ 「心の宇宙」→ 心 「諸文明の起源」→ 諸 「宇宙と物質の神秘に迫る」→ 宇

001 土とは何だろうか？　久馬一剛
002 子どもの脳を育てる栄養学　中川八郎・葛西奈津子
003 前頭葉の謎を解く　船橋新太郎　心1
004 古代マヤ 石器の都市文明　青山和夫　諸11
005 コミュニティのグループ・ダイナミックス　杉万俊夫 編著
006 古代アンデス 権力の考古学　関 雄二　諸12
007 見えないもので宇宙を観る　小山勝二ほか 編著　宇1
008 地域研究から自分学へ　高谷好一
009 ヴァイキング時代　角谷英則　諸9
010 GADV仮説 生命起源を問い直す　池原健二
011 ヒト 家をつくるサル　榎本知郎
012 古代エジプト 文明社会の形成　高宮いづみ　諸2
013 心理臨床学のコア　山中康裕　心3
014 古代中国 天命と青銅器　小南一郎　諸5
015 恋愛の誕生 12世紀フランス文学散歩　水野 尚
016 古代ギリシア 地中海への展開　周藤芳幸　諸7
017 素粒子の世界を拓く　湯川・朝永生誕百年企画委員会編集／佐藤文隆 監修
018 紙とパルプの科学　山内龍男
019 量子の世界　川合・佐々木・前野ほか編著　宇2
020 乗っ取られた聖書　秦 剛平
021 熱帯林の恵み　渡辺弘之
022 動物たちのゆたかな心　藤田和生　心4
023 シーア派イスラーム 神話と歴史　嶋本隆光
024 旅の地中海 古典文学周航　丹下和彦
025 古代日本 国家形成の考古学　菱田哲郎　諸14
026 人間性はどこから来たか サル学からのアプローチ　西田利貞
027 生物の多様性ってなんだろう？ 生命のジグソーパズル　京都大学総合博物館／京都大学生態学研究センター 編
028 心を発見する心の発達　板倉昭二　心5
029 光と色の宇宙　福江 純
030 脳の情報表現を見る　櫻井芳雄　心6
031 アメリカ南部小説を旅する ユードラ・ウェルティを訪ねて　中村紘一
032 究極の森林　梶原幹弘